歴史文化ライブラリー
615

〈染織の都〉京都の挑戦

革新と伝統

北野裕子

吉川弘文館

目　次

国産化のススメ　明治三〇年代・四〇年代

1　今を生きる京都染織品

今を生きる京都染織品——プロローグ

京都鴨川に架かる四条大橋の上は、令和元年（二〇一九）年末に始まった新型コロナウイルス感染症の世界的流行による往来制限で一時、ひっそりとしたが、現在では国内外の観光客があふれている。京都が守ってきた古い街並みに誘われ、手軽なレンタルきものを着て楽しむ人たちも多い。この四条大橋から東に歩けば祇園、街のなかを走る花見小路には花街の芸妓や舞妓がお座敷へ向かう姿も見られる。やっぱり、京都はきものが似合う。

彼女たちが締める帯は西陣織（にしじんおり）。しかし、日常生活のなかで和服を着る機会がほとんどなくなった今、業界の売り上げは厳しい。そのため、これまでの「西陣織＝衣服」という固定観念から脱却し、建物の内装材やインテリアをはじめ、身のまわりで多様に使える素材生地として、新たな需要の開拓に挑戦している。

西陣織は平安時代の天皇や貴族の装束をルーツとし、一二〇〇年余の歴史を歩んできた。京都の町が戦乱や火事で廃墟になっても、為政者が変わり、時代が変化しても、西陣では多くの技法が誕生し、受け継がれてきた。現在、「伝統的工芸品産業の振興に関する法律」（一九七四年制定）に基づき、経済産業大臣によって、経綴（たてつづれ）・緯綴（よこつづれ）・緞子（どんす）・ビロード・捩り織（もじりおり）・絣織（かすりおり）・紬（つむぎ）など一二種の技法が西陣織と認定されている。

この西陣織の技法とならんで、芸妓や舞妓を彩っているきもの（長着）には、多くの方がご存じの染色技法「友禅染（ゆうぜんぞめ）」が使われている。現在でも高級品である友禅染だが、実は一七世紀末に、幕府が経済的に豊かになった町人たちの豪華な生活を看過できず、刺繍や鹿の子絞（かのこしぼ）りなどを使った贅沢なきものを着ることを禁じたことが発端となって誕生した。それまでの技法を発展させて生地に筆で繊細な絵画を描くという世界で類を見ない染色技法だが、近代になると、型紙を使った新たな技術が開発され、現在はインクジェットプリンターも使われている。そして、その染色技術は洋服にも展開され、京都は日本最大のプリント産地になっている。スカーフ、アロハシャツ、デニムなどにも広がり、さらに身近に使ってほしいと願う友禅染の業者たちがメガネやスマホ拭きを作り、京都のおみやげ物として、とても人気がある。

京都の織物や染物は、天皇や貴族、そして武士など権力者の要望に応え、都の文化を支え、江戸時代には町方の富裕層もターゲットにし、高級な絹織物を生産した。しかし、開国後、絹織物の原料・生糸は最重要輸出品となる一方で、欧米の文化や近代技術が押し寄せ、洋服からの挑戦も受けた。さらに天皇が東京へ移り、「千年の都（みやこ）」だった京都は地方都市となった。都だからこそ、時の権力者たちから庇護されてきた京都にとって、その特権がなくなった近代は他のどの都市よりも厳しい時代となった。

これまで西陣織や京友禅に関する書籍や論文は非常に多いが、美や技を「文化」として描いたものが多く、偏りがある。その京都文化の代表としてしばしば取り上げられるのが、西陣織や京友禅を中心にイメージされるきものの「美」と、職人の「手仕事」による「技」だろう。このイメージを世界にさらに発信するため、「きもの文化」（この「きもの」は主に和装全般を指す）のユネスコ無形文化遺産登録を目指して、公益財団法人京都和装産業振興財団（京都府・京都市・京都商工会議所・京都きもの業界で構成）が広報活動を続けている。ただ、このイメージはいつの時代にも通用するものだろうか。

一般に歴史学や経済学では、染織業については、京都が打ち出している文化的なイメージとは真逆に、近世では問屋（といや）と賃機（ちんばた）（問屋から織機・糸を貸与されて出来高払いで織る）の関係、戦後は生産実態や労働問題の分析が蓄積されてきた。とくに織物業では、問屋の仕事を一反いくらで受け、薄暗い工場で職人たちが長時間働いている姿やジェンダーの視点から低賃金で働く女性たちが描かれてきた。また、産業の近代化の視点からは、動力機械を導入して量産化を図り、輸出で外貨を稼いだ関東や北陸の産地研究が中心に研究されてきた。そのため「美」や「手仕事」「技」のイメージが先行する京都染織業については、明治・大正・昭和戦前期という近代の歴史研究は少なく、啓蒙書もほとんどない。

本書ではこの「京都」という「場」が、「都」から一つの地方都市になり、近代化の荒波のなかで、なぜ〈染織の都〉たり得たのか、近代京都染織業の歴史をたどっていく。なお、本書のタイトルにもあり、文中でも繰り返し登場する「染織」とは、衣服の生産に不可欠な技法の「染め」と「織り」を合わせた言葉である。染物にも織物にも膨大な種類があるが、本書においては、京都が今日でも主力とする染織品として、織物では西陣織、染物では友禅染、その下地となる丹後ちりめんを主に取り上げる。

また、叙述に際し、次のように五つに時期区分を設定する。

第一期　奈良時代～江戸時代（近代以前）
第二期　明治前半期（明治維新期～明治一〇年代）―混乱から新事業への挑戦
第三期　明治後半期（明治二〇年代～明治四五年）―本格化する挑戦
第四期　大　正　期（大正元年～大正一五年）―京染の成長
第五期　昭和戦前期（昭和元年～昭和二〇年）―近代の頂点

この各期の概要については、次の「〈染織の都〉誕生から開花へ」の章で簡単に記述する。

このように、一〇〇〇年を越える京都染織業の歴史を大きく時期区分すると、平安時代に誕生した〈染織の都〉は、江戸時代に一つ目の頂点、さらに近代の昭和恐慌期に二つ目の頂点を迎え、そして、戦後の高度経済成長に三つ目のピークがあったと筆者は考えている。本書では、このうち、二つ目の頂点を迎えた近代京都染織業を中心に見ていく。

近代京都という「場」で、右の各期に、どのような人たちが、それぞれに新しい織物や染物に挑戦したのか。何が守られたのか、何が変革されたのか。京都の染織における伝統とは何か。「〈染織の都〉京都」に生きた挑戦者たちの姿をこれからくわしく追っていこう。

〈染織の都〉誕生から開花へ

奈良時代〜江戸時代

〈染織の都〉の一二〇〇年

五つの時期区分

「〈染織の都〉京都」の歴史は何といっても長い。そのため本論に入る前に、皆さまに挑戦者たちの姿を汲み取っていただく一助として、ここではプロローグで示した五つの時期区分について、各期の概要を政治・経済・社会の背景とともに簡単に説明しておく。

第一期　奈良時代～江戸時代

本書では、近代以前をまとめて第一期とする。

平安京が誕生し、律令制下、高度な織物は織部司（国家の工房）で独占生産していたが、次第に貴族の力が強くなり、律令制が衰退していくと、織部司の織手が自立し、多彩な染織品を生み出す〈染織の都〉になっていく。やがて武士が台頭し、新たな顧客となるが、応仁・文明の乱で京都が興廃すると、乱後、織手たちは、今日の西陣周辺に戻り、生産を開始し、戦国武将の要望に対応していった。

江戸時代になると、一七世紀末から一八世紀初頭には、幕府・大名から富裕な町人層へも顧客が拡大し、友禅染が誕生、〈染織の都〉が一つ目の頂点を迎えるが、一八世紀半ばからは、江戸の発展に伴い、近郊の関東織物産地が成長し、西陣の大火事で生産が停滞するなか、友禅染に適したちりめんを織る丹後産地が発展していく。しかし、相次ぐ幕府の政治改革、奢侈禁令の発効の影響、さらには開国によって、使用する原料生糸が輸出に回ってしまったことにより、西陣や丹後は苦境に陥ってしまう。

第二期　明治前半期

第二期とした明治維新期から明治一〇年代（明治二〇年前後）、つまり一八六八年から八六年は、混乱から新事業へさまざま挑戦した時代といえる。もう少し丁寧に見ると、①明治〇（ゼロ）年代（混乱期）、②明治一〇年代（新事業への取り組み）とでそれぞれ特徴がある。

・明治〇年代―混乱期―

この時期は明治維新期から明治一〇年前後であり、混乱期と位置づけられる。明治維新を迎え、天皇が東京へ移ると、京都は一〇〇〇年を越える「都」から一地方都市となった。再生に不可欠な産業の育成に迫られた京都府は、とくに染織業の振興を図るべく、織殿や染殿を設置し、さらにフランスへ近代技術を取得するため留学生を派遣する。そして、留学生はジャカード機を持ち帰ってきた。

明治六年（一八七三）には、ウイーン万国博覧会へ西陣や丹後から出品し、とくに西陣は、視察のため人材を派遣した。京都府は、明治七年段階の工産物の府県別産額は、第一位であった。西陣へは、勧業資金が京都府から貸与された（資金の原資は国）。また、江戸幕府による天保改革の株仲間の解散以後、混乱していた織物の各産地では、この時期に組織化が図られた。

・明治一〇年代―新事業への取り組み―

明治一〇年前後から二〇年前後の時期には、新事業への取り組みがなされる。友禅染の革新が起こり、①京都画壇の画家たちが図案を描き始め、②型紙と輸入の化学染料を使った写し友禅（型友禅）の技法が誕生した。一方、西陣織では、輸入の化学染料や機械の導入により混乱したが、対して丹後ちりめんは、増産を期待されるという現象が生じてくる。

そして、同業者仲間の制約がなくなったことで、西陣織でも丹後ちりめんでも、新たに粗製濫造問題と直面することになる。京都府も農商務省も、同業組合準則の発令に向けて取り組んだ時期でもあった。また京都府は維新期、勧業政策のもとで織殿・染殿を設置し、全国に先駆け、洋式染織法に取り組んできたが、明治一〇年代に再度、本格的に実務技術者を養成するため、フランスへ留学生を派遣した。彼らが帰国後、京都染織業の近代化に大きく貢献していく。

第三期　明治後半期

第三期は明治二〇年前後から明治四五年（一八八七～一九一二）までを設定する。新技術やデザインへの挑戦が本格化してくる時期である。この期も、もう少し短い年次で区切って見てみると、①明治二〇年代（近代化と伝統の問題）、②明治三〇年代以降、明治末年まで（国産化の始まり）という特徴が見えてくる。

・明治二〇年代

明治二〇年前後から三〇年前後は、近代化と伝統の問題に苦悩した時期といえる。

京都の染織業者にとって明治二〇年代は、明治宮殿（戦災で焼失した戦前の皇居宮殿）の室内織物への挑戦が大きな転機となる。京都初の近代工場、京都織物株式会社が誕生し、西陣でも、内部からと新たに入ってきた人材が本格的に美術織物に挑んでいく。

京都の染織業者は、すでに明治一〇年の第一回内国勧業博覧会から出品し、上位の賞の受賞を続けていたが、明治二三年の第三回では、西陣織は技術に優れているが、洋服地では桐生（群馬県）のほうが流行や外国人の嗜好に敏感、という評価を受けてしまう。こうして西陣織は、海外輸出を視野に入れることを求められる。

五年後、第四回（明治二八年）は大阪と激しい誘致合戦の末、平安遷都一一〇〇年を記念し、京都の岡崎で開催された。大極殿・平安神宮の建設や時代祭の創設などで盛り上がるが、ここでも技術は評価されるものの、京都の染織品は図案の新しさを求められる。

・明治三〇年代～明治末年

明治三〇年前後から明治四五年の時期には、機械をはじめとして、西洋の模倣ではないデザインなど、国産化への取り組みが始まる。

明治三六年の第五回内国勧業博覧会でも、美的な京都の染織品は多数上位を占めたが、一方、機械化や海外輸出が評価されるようになる。京都でも、京都織物会社や、日清戦争（明治二七年～翌二八年）のあとの起業ブームで誕生した京都綿ネル株式会社が受賞した。後者は輸入の捺染(なっせん)機械を導入した。さらに、捺染機械の国産化も始まる。

しかし、西陣織や友禅染はここでも図案や配色について酷評されてしまう。意匠（デザイン）の課題に取り組むため、京都市長や有力者たちは京都高等工芸学校を誘致し、デザインの研究開発はもとより、人材育成を進めることとなる。

そして、第五回内国勧業博覧会の二年後、日露戦争（明治三七年～翌三八年）が始まる。戦費調達のため、終結したら一年で廃止するということで設定された織物消費税は、戦後も解消されず、西陣では廃税運動を展開していく。

第四期　大正期

大正一五年（一九二六）までの大正年間（一九一二〜二六）は京染が成長した時期で、①第一次世界大戦による好景気、それを背景に、②百貨店と問屋が台頭する、という特徴を持つ。

・第一次世界大戦による好景気

大正三年、第一次世界大戦が勃発した。日本も連合国側で参戦したが、主戦場となったヨーロッパ諸国や中国などへ輸出することで、国内は大戦景気に沸いた。好景気を受けて服飾は華美になり、購買層も拡大する。とくに京染（京都で生み出される染物）が好調になる。なかでも友禅染は、学術研究も進み、当時、友禅染の始祖（現在では友禅模様の考案者か）と考えられていた宮崎友禅の顕彰が進んだ。

また、開戦により、ほとんどドイツからの輸入に頼ってきた化学染料が入らなくなり、国産化が進行する。丹後産地では、大戦景気を受けて力織機化が進行し、丹後縮緬（ちりめん）同業組合が誕生した。これに対し西陣織物同業組合では、三大事業（染織試験場の設置、京都市染織学校の拡大整備、西陣織物館の建設）の実現や織物取引の改善に挑むが、他の産地が力織機化するなかで、個人事業者の集団で成り立つ西陣ではなかなか進まなかった。

・百貨店と問屋の台頭

明治後半から成長してくる百貨店、なかでも三越は、光琳模様や元禄模様といった図案のブーム、江戸趣味の流れをつくり、大正期には、京都での宮崎友禅顕彰の動きに対し、出身地や終焉の地という説がある金沢での調査を進め、墓蹟を発見する。そして三越は、金沢の染物にも研究を進め、「京友禅」に対し、「加賀友禅」のブランド化を打ち出す。

また、きものの市場が拡大するなかで、大正期には生産者（産地）と小売商をつなぐ問屋（卸売）が成長する。京都の呉服市場では、丸紅商店京都支店を筆頭とする近江商人にルーツを持つ問屋が、大きな存在を示すようになっていく。そして京都の呉服問屋は、商品を販売するだけでなく、意匠（デザイン）にも大きく関わり、流行を創出していく。

第五期　昭和戦前期

アジア太平洋戦争が敗戦で終わるまでの昭和元年から昭和二〇年（一九二六～四五）のうち、昭和初期は、①昭和恐慌を背景に、大衆にとって絹製品が身近になっていき、②京都が産業都市としての〈染織の都〉となり、近代の頂点を迎える時期である。

・昭和恐慌と大衆ファッション

第一次世界大戦終結後から続く不況（大正七年の戦後恐慌、大正一二年の関東大震災による恐慌）のなかで、昭和は幕を開ける。京都では昭和二年（一九二七）三月、北丹後地震が起こるが、丹後縮緬同業組合が一丸となり、いち早い復興を遂げる。翌年には京都御所で昭和天皇の即位大礼と大礼記念京都博覧会が開かれ、京都の経済振興となった。

昭和四年には、ニューヨーク証券取引所の株価大暴落をきっかけに世界恐慌が発生、日本も翌年には昭和恐慌に見舞われるが、そのなかで大手呉服問屋は、高価な西陣織物や友禅染のみならず、関東産地で生産された安価な銘仙（めいせん）（平織（ひらおり）の絹織物）や、丹後産地から直接仕入れたちりめんを販売し、恐慌を乗り越えていく。

・産業都市〈染織の都〉へ

昭和恐慌下、観光振興による経済効果などをはかりたい政府の方針を受け、京都市は昭和五年、全国初の観光課を設置する。この頃、染織京都の発展策を模索していた大手呉服問屋が発案した「染織祭」が、昭和六年に京都市の支援を受けて創設される。京都市は、博覧会に次ぐ新たな観光振興と産業振興なるイベントを求めていた。

当時の京都市では、有業者人口のうち半数以上が製造や販売などで、染織業に関連する仕事に就いていた。まさに染織業は京都の生命線であり、〈染織の都〉だった。

染織祭は女時代祭とも呼ばれ、祭祀・式典とともに古墳時代から江戸時代まで、八つの時代構成で、日本女性の衣装が再現され、京都の芸妓や舞妓が着装した時代風俗行列があった。今日の京都三大祭〈五月の葵祭〈賀茂祭〉・七月の祇園祭・一〇月の時代祭〉に加え、四大祭と呼ばれ、〈染織の都〉は二つ目の頂点を迎える。

しかし、昭和一二年の日中戦争の開始で、染織祭の行列も自粛され、昭和一五年には戦時統制による七・七禁令で奢侈贅沢品の製造販売が制限を受けた。並行して本格化した企業整備で各業界は解体を余儀なくされた。

けれども、一部の企業や技術保持者は残り、戦後へその技術をつないでいく。

このように、五つの時期区分と概要を簡単にまとめてみた。長い京都染織業の歴史を少し、頭に入れていただけただろうか。都の歴史は奥深く、難しい？　どうか、ご安心を。以降では、具体的にその時代を牽引した人物が登場する。彼らの挑戦を追いながら、京都染織業一二〇〇年の歴史をたどっていこう。

〈染織の都〉の誕生

平安京の誕生まで

京都が日本の都となり、染織業の中心になったのは、延暦一三年（七九四）に桓武天皇によって平安京が開かれてからである。では、京都に平安京が造営されるまで、現在の京都盆地と周辺は未開の荒野だったのだろうか。

ここは「山城（やましろ）」（奈良時代は「山背」）と呼ばれ、大和国から見ると山の後ろ（背後）にあたることから名づけられたといわれる。五世紀の中ごろには朝鮮半島南部から最先端技術を持った人々が渡来した。なかでも秦（はた）氏は土木技術や金属技術、養蚕や絹織物の生産技術をもたらし、現在の京都市西部、嵯峨野地域を本拠として各地へ展開した。五世紀後半の『日本書紀』雄略一五年の条には、秦酒公（はたのさけのきみ）が技術者集団を率いて絹や縑（かとり）（細糸を用いて織る目の細かい薄く固い絹布）を朝廷に献上し、それらがうず高く積まれたので、「禹豆麻佐（うつまさ）」という姓を賜ったという伝説があり、「太秦（うずまさ）」の地名はこれに由来する。七世紀にはここに秦河勝が聖徳太子を祀る広隆寺を建立した（小谷浩之「京都のモノ作り技術の系譜」）。

その後、奈良時代には、律令制のもと、染織に関する制度も整備されていった。散逸した養老令の解説書『令義解』（天長一〇年〈八三三〉）を見ると、養老令のうち「賦役令」では、民衆が負担する「調」のなかに織物として絹・絁（太絹、粗い糸で織った絹、悪しき絹の意）・布、原料として糸・綿が記されており、奈良時代には農民が原料を生産し、農閑期に家内仕事で織ったものを貢納した。

また、養老令の「衣服令」では、皇太子以下の官人の服制が、身分や地位によって規定された。上位の貴族の衣服には高度な技術が必要な錦・綾・羅・紬などの織物が使われたことが記されている。なお、錦は数種の色糸で地色と文様が織り出された絹織物で、綾は斜に糸が交差する薄い絹織物、羅は目の粗い薄絹である。また、紬は屑繭から作られた真綿をつむいだ糸で織った丈夫な絹織物である。

これらの衣服を製作するには、空引機（上に人が乗って経糸を操作、二〇頁図2参照）のような高度な織機が必要だった。最も高度な織物は、大蔵省のもとに置かれた織部司の国営工房で製織された。ただ、一日に数センチしか織れないため、織部司のもとで山背国や河内国などに置いた優れた工房や地方の国衙（役所）が管理する工房などでも生産された（遠藤元男『織物の日本史』）。なお、奈良時代には神祇官・太政官の二官と、中務・式部・治部・民部・兵部・刑部・大蔵・宮内の八省が置かれた。

平安京と織部司

延暦一三年、桓武天皇は京都盆地に平安京を開いた。平安時代には、天皇や朝廷の重要な染織品（錦・綾・羅・紬など）は、大内裏に隣接する織部町（大宮通、一条大路下ル付近）で製織されるようになる。ここには山城（平安遷都の際に改称）・河内の工房が集約され、大蔵省下の織部司の管轄のもと、染織技術の朝廷による独占が強化された（図1）。その原料は中務省下の内蔵寮（朝廷用度品の出納や製作を行う部署）から支給された（角山幸洋『日本染織発達史』）。

先に述べた土木・染織技術に長けた秦氏は、奈良時代には官僚や中央貴族と婚姻関係を結び、平安京

図1　平安京における染織に関係する場所

の造営にも尽力した。技術や経済の側面から朝廷に奉仕し、元慶七年（八八三）には惟宗朝臣の氏姓を与えられた（京都市歴史資料館情報システム「フィールド・ミュージアム京都」内「秦氏」）。

延喜五年（九〇五）、養老律令の施行細則として編まれた『延喜式』の巻一四「縫殿寮」（中務省）には、季節や歳時における官位ごとの着衣の形態や色、また、その色の作り方などの詳細な記載が見られる。『延喜式』の記述は、今なお、日本の染色方法や色の基本となっている。

〈染織の都〉誕生

しかし、律令制が変容し、藤原氏ら貴族の力が強くなるにつれ、中央でも地方でも下層の官人や貴族の家吏が、私的に機織りを始める。九世紀前半には遣唐使が途絶し、一〇世紀初頭に唐が滅亡すると、天皇を中心とする貴族社会では、中国を絶対的な規範としない考え方が広がっていった（佐藤全敏「国風文化の構造」）。衣服も「国風」の装束へと変化していく。

娘を次々に入内させ、外戚として藤原氏が政治の実権を握った摂関政治の時代、その頂点に立ったのは藤原道長（九六六〜一〇二八）である。道長正室の源倫子に仕えた赤染衛門らが作者と伝わる『栄花物語』巻二四「わかばえ」には、上級貴族女性の唐衣裳の袖口が三〇センチ近くになるまで着重ねた様子が描かれる。この正装の女房装束はいわゆる十二単と呼ばれるが、二〇枚近くまで着膨れ、豪華を競った女性たちに怒りを覚えた道長は、長男で関白となっていた藤原頼通を監督不行き届きで叱責したという。

女性たちだけでなく、貴族の男性たちの華やかな装束姿が、同じく『栄花物語』巻二三「こまくらべの行幸」を描いた「駒競行幸絵巻」（和泉市久保惣記念美術館蔵）に見える。藤原頼通邸で開かれたこまくらべ（競馬）の前に、舟遊びをする公卿（三位以上）たちが正装である束帯の下襲の裾（後ろに長く引いたすそ）を寝殿の欄干にかけている。その裾には「はれの日」のみに許された色とりどりの華やかな絵模様が並ぶ。

織部司の織手たちは本業を怠慢にして、このような華やかな貴族たちの装束の注文に応じていたようで、永承三年（一〇四八）には、貴族からの受注を禁止する法令が出されたが、守られたとは思われない。律令制下の公地公民制が崩れ、藤原氏ら上級貴族が荘園を広げて収入を増やした一方で、朝廷の財政は苦しくなっていく。織部司の織手たちも織賃の良さや貴族の権勢になびいていったのだろう。

一一世紀には国家による高級織物生産の独占は崩れ、摂関家でも自ら細工所をつくった。天皇の御服製造はじめ、貴族たちの要望に応え、京都は〈染織の都〉となっていく（京都市編『京都の歴史』1）。

織手が大舎人町へ

平安末期には、織部司の織手たちは、朝廷から十分な俸禄が得られなくなると、織部町から大舎人町（現猪熊通下長者町）へ移り、自ら職人として活動を始めた。大舎人町の名は織部町の東隣りに位置し、内裏の警衛や雑用を担う大舎人から名づけられたが、その役職は平安時代半ばには縮小され、大舎人町は空洞化していたと思われる。自立した職人たちは、とくに宋の綾織を模倣した唐綾が貴族の装飾用として好評を得た。こうして民業による製織が本格化していく（京都市歴史資料館情報システム「フィールド・ミュージアム」内「西陣織」）。

中世の京都染織

また、平安時代後期には、武力を持って貴族に仕えた武士が、次第に地方で成長していった。やがて、源氏の棟梁の源頼朝が文治元年（一一八五）、平家を滅ぼし、全国に守護と地頭を設置して徴税と警察権・軍事権を得て、建久三年（一一九二）には征夷大将軍になった。承久三年（一二二一）、承久の乱で後鳥羽上皇が敗れると、朝廷の政治力はさらに後退し、織部司も全く形骸化していく。

このように、鎌倉に幕府が置かれても、有力な貴族や寺社が市や座（同業者団体）、流通などのさまざまな利権を持っていた京都は、商工業の中心地として発展し、その重要性は低下することはなかった。

鎌倉時代の京都の織物生産についてはほとんどわかっていないが、一四世紀の南北朝時代に成立したとされる『庭訓往来（ていきんおうらい）』には、諸国の名産と並んで京の代表的な織物として「大舎人綾（おおとねりのあや）」「大宮絹（おおみやのきぬ）」、染物として「六条染物」「猪熊紺」があがっている。「大舎人綾」は、その町名から呼ばれたのだろう。また、「大宮絹」も織部町が大宮大路に面しており、「六条染物」「猪熊紺」も六条や猪熊も通りの名前なので、いずれも地名に由来するのだろう。近郊では「宇治布」「大津練貫（ねりぬき）」、さらに「加賀絹」「丹後精好（絹織物）」「尾張八丈（絹織物）」「信濃布」「常陸紬」など、地方でもその産地の名がついた優れた織物が誕生していた。

京でも地方でも織物生産が盛んになっていたことがうかがえるが、もともと官立工房であった織部司が形骸化していくと、どこで、誰が、天皇の衣料を制作していたのか。

律令国家の官営工房には大蔵省下の織部司織手とは別に中務省下の内蔵寮にも織手がおり、この内蔵寮織手が制作していたと思われる。室町時代の貞和二年（一三四六）に山科教言（やましなのりとき）が内蔵頭（くらのかみ）（内蔵寮の長官職）に補任されると、山科家は天皇の御服調進を家業として、明治三年（一八七〇）まで継承していく（後藤みち子「衣料生産とジェンダー――中世後期公家の場合――」）。

やがて、室町幕府三代将軍の足利義満が、南北朝の争乱を終息させて、京に花の御所を置く。ちなみに、室町の名は、花の御所の正門が京の町を南北に走る室町通に面していたことに由来する。当時の日明貿易では織物や生糸も輸入され、京の織物市場はますます豊かになり、京の職人たちも幕府や武士たちと関わっていくことになる。

応仁・文明の乱からの復興

しかし、応仁元年（一四六七）、応仁・文明の乱が始まると、大舎人の職人たちは、戦場となった京都から大津・奈良・堺などへ、戦火を逃れて移り住んだ。当時、貿易都市だった堺には世界中の優れた織物が持ち込まれ、また、明の職人たちもやってきた。彼らから海外の技術を学び、一一年にわたる戦乱が収まると、職人たちは大宮今出川付近に戻って織物業を再開した。そこは、乱の西軍大将の山名宗全（持豊、一四〇四～七三）が本陣を置いた場所（堀川上立売下ル山名町）に近く、今日の「西陣」という名称の由来となる。やがて、永正（一五〇四～二一）の頃には大舎人座が形成される。

また、職人たちの一部は、新町今出川の北側あたりを拠点に活動した。この地を白雲村と呼び、練貫座を形成し、大舎人座に対抗した（井関政因「西陣天狗筆記」）。練貫（白羽二重か）とは経に未精練の生糸、緯に精練した生糸（練糸）を使い、平織（経糸と緯糸を交互に交差させる基本的な織り方）にした絹織物だった。この精練とは、生糸の表面を保護しているセリシンというタンパク質を除く作業で、除去しないと生糸は染まらない。

大舎人座と練貫座の競争は続き、互いに織物を模倣し合い、ついに大舎人座が得意とする高価な綾織物を練貫座が模倣すると、争論となる。永正一〇年（一五一三）、幕府は大舎人座に綾織物の独占を認める代わりに、薄地の織物などは練貫座に譲るよう決済した（京都市編『京都の歴史』3）。互いに熾烈な競争を続けながら、技術を向上させていく。

大舎人座から西陣へ

天文一六年（一五四七）、大舎人座は足利将軍家の織物所となった。また、大舎人座に所属した三一家のうち六家は、元亀二年（一五七一）に内蔵寮織手に任命され、宮廷装束を織る「御寮織物司」と名乗った（井関政因「西陣天狗筆記」）。その二年後には織田信長が一五代将軍足利義昭を京から追放し、室町幕府は滅ぶ。

そして信長が天正一〇年（一五八二）に本能寺の変で倒れた後、豊臣秀吉が天正一三年に関白に任命され、翌年から政庁と邸宅を兼ねた聚楽第の造営を始め、また、敵襲に備え、鴨川の氾濫から街を守る御土居を構築し、京の都市改造を始める。以後、この土塁が、京（洛中）の境界となってゆく（京都市編『京都の歴史』7）。この時期に秀吉は公家や寺社、問屋などの旧勢力が支配した座の解消を図り、大舎人座も解体していくが、彼らの技は秀吉から保護され、南蛮貿易でもたらされた海外の染織品に学び、大舎人座をルーツとする西陣はさらに発展する（佐々木信三郎『西陣史』）。

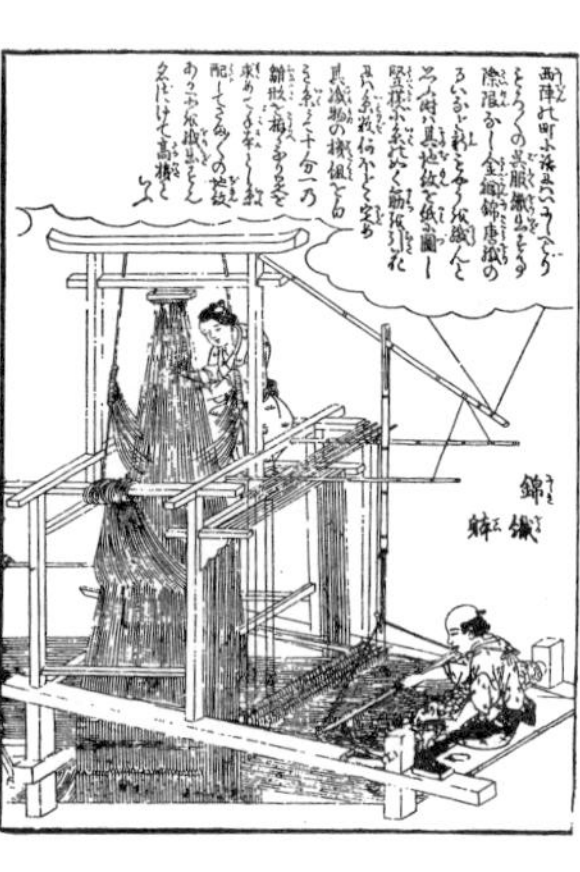

図２　江戸時代の高機（『都名所図会』１より）

戦国時代末期の西陣では、従来の「平機」を改良し、紋織物（複雑な模様の織物）の製織に必要な

「高機（たかばた）」が現れる。高機はこれまでの直（じか）に床に座って織った平機とは違い、腰板（こしいた）と二本の足踏みが設置された（図2）。腰板に座って足踏みをすることで、経糸の一部が浮き、緯糸を通すことでき、模様を作り出すことができる。さらに奈良時代から宮中では使用されていたと思われる空引機に、中国の明からの技術も加え、精巧な紋織物を生み出していく。

このような西陣発展の一方で、練貫座はどうなっていったのか。本拠とした土地の水質が悪いため、秀吉が新在家（しんざいけ）の地（上京区烏丸出水付近）に移した（『雍州府志』、同前「西陣天狗筆記」）。織物用の糸を染める時や織り上げた織物を仕上げる時に必要な精練などでは、良質な水が不可欠だった。

江戸時代に入り、寛永二〇年（一六四三）頃まで羽二重や羅などの織物生産が確認できるが（『毛吹草』）、天和から貞享の頃（一六八一～八八）になると、それらの織物は西陣で生産されており（『雍州府志』）、西陣に吸収されていったのだろう。

開花する〈染織の都〉

幕府・大名の御用達

慶長八年（一六〇三）、徳川家康は征夷大将軍となり江戸に幕府を開く。家康と結び付いて活躍した京の豪商といえば、茶屋四郎次郎の茶屋家、角倉了以の角倉家（土倉・貿易）、後藤四郎兵衛の後藤家（金銀鋳造）で、三長者と呼ばれる。

とくに二代茶屋四郎次郎は、徳川政権発足とともに畿内商業支配の中心となり、幕府御用の呉服所を務めた。茶屋は長崎貿易にも関係し、将軍御用糸の購入をはじめ貿易の管理にあたった。幕府は西陣を擁する京には茶屋のほか、後藤縫殿助・茶屋新四郎（初代茶屋四郎次郎の三男）・上柳彦兵衛（甫斎）・三島屋祐徳・亀屋庄兵衛（栄任）の六名を「呉服師」と認め、江戸にも屋敷を与え、呉服御用をさせた（京都市編『京都の歴史』4）。茶屋をはじめ、いずれも名だたる政商、豪商だった。

当時、呉服の原料となる良質な生糸（白糸）は、長かった戦乱の世で日本の養蚕業が衰退していたため、唐船（中国船）で輸入され、その購入も特権商人だけに認められた。幕府は慶長九年に京・堺・長崎の貿易商人に白糸の購入量を割り当て、西陣には京糸割符仲間を通じて供給された。その後、寛永八年（一六三一）には江戸・大坂の商人が加わり、幕府が直轄するその五か所の商人たちが独占した。この時、五か所商人とは別に、先の京の呉服師六名にも直接白糸が分配されるようになった（京都市編『京都の歴史』5）。

京に呉服を注文したのは将軍だけでない。江戸初期には大名の数は二二〇ほど、幕末には二六〇を超えたが、大名たちは京に屋敷と必要な呉服を調達できる商人を指定し、呉服所とした。奥方や姫のためだけでなく、能楽が武家の式楽（儀式で用いられる芸能）となり、大名家では能装束も整えた。貞享二年（一六八五）に出版された京の地誌『京羽二重』によると、京に屋敷や呉服所などを置く大名は一五四あり、彦根藩井伊家のような大藩では屋敷と数か所の呉服所を置き、その一方で、呉服所のみを置いた小藩の大名もおり、屋敷の数より呉服所の数の方が多かったという。

西陣産地の隆盛

元和六年（一六二〇）、徳川二代将軍秀忠と正室の崇源院（浅井長政三女の江）の末娘の和子（のち東福門院）が後水尾天皇に入内するため、京へやってきた。彼女の兄はのちの三代将軍家光（在任一六二三～五一年）である。当時は佐渡金山や石見銀山の開発が進み、江戸幕府の財政は豊かで権勢を誇った時代だった。莫大な持参金や領地を持参した和子は毎年、豪華な刺繍や鹿の子絞りなどを駆使した二〇〇領（領はきものの数え方）もの小袖（長着のこと）を注文し、自分に仕える女官ら多くの人たちに贈った。その制作にあたったのは尾形光琳・乾山兄弟の実家、京の呉服商の雁金屋だった。

雁金屋は、光琳・乾山の父の三代尾形宗伯が浅井長政に重用され、長政の三人の娘、淀殿（茶々、豊臣秀吉側室）、常高院（初、京極高次正室）、崇源院からも注文を受けるようになったという。ほかにも秀吉正室の高台院、豊臣秀頼、徳川家康・秀忠などが注文した（長崎巌「江戸時代における呉服注文の具体的プロセスに関する研究」）。和子の多くの小袖を生産した西陣のブランド価値は、ますます向上する。

ドラマや映画では、絢爛豪華な打掛をまとう御殿女中（奥女中）たちが暮らす江戸城大奥が描かれるが、大奥が発展していく五代将軍綱吉（在任一六八〇～一七〇九年）の時代には、綱吉生母の桂昌院が従一位の位階を得た際、江戸で「西陣の織屋の女一位織　尾張の姫がおらばなるまい」という落首が見られた（『鸚鵡籠中記』）。尾張徳川家に嫁した家光長女の千代姫が存命であったなら、桂昌院の叙位はなかったというのである。幕府の公式記録『徳川実紀』によれば、桂昌院は二条家家士の北小路家の出だが、綱吉への不満が生母の出自についての雑説を生み、落首にある西陣の織屋の娘という説も誕生したのだろう（塚本学『人物叢書　徳川綱吉』）。将軍家の庇護を受け、京の商人も西陣も繁栄した。

なお、江戸時代における西陣の区域は、西は堀川通、東は七本松通、北は今宮神社御旅所、南は一条通または中立売通を境界とすることが公的にも認められており、京の西北地域にあたる。無論、この区域以外にも染織業は行われていたが、この西陣地区には多くの織物関係者が集積し、京の織物を代表した（前掲『京都の歴史』5）。

鎖国と輸入品

幕府は寛永年間（一六二四～四四）までにオランダ以外のヨーロッパの国との貿易を禁止し、いわゆる「鎖国」が本格化していく。鎖国前の寛永一三年、オランダからの輸入総額一五五万一九六〇グルデンの内訳は、中国の生糸が約六割、絹織物が約二割、毛織物と毛皮を合わせて約一割という状態だった。その支払いとして、大量の銀が海外に流出した。江戸初期に石見などで産出した銀の多くが、当時の武家や有力町人らの衣服に変わった。そのため、幕府は天和二年（一六六二）に金の輸出を、元禄元年（一六八八）には銀輸出を禁じた。また、明暦（一六五五～五八）から元禄にかけて、糸割符制度の改正や廃止で混乱したこともあり、この頃から和糸の生産が進んでいく。

その後、正徳二年（一七一二）には、幕府は西陣での和糸（国産糸）の使用、ならびに地方から京へ和糸を送るよう西陣の保護政策を打ち出す（前掲『京都の歴史』5）。鎖国後も長崎・松前・対馬・琉球では幕府の管理下での貿易が続き、金銀銅が海外に流出し続けたが、正徳五年には、オランダからの輸入総額は七二万七二〇四グルデンと鎖国前の半分以下になる。内訳は生糸が約三割、綿織物が約二割、絹織物と砂糖が約一・五割ずつだった（科野孝蔵『オランダ東インド会社の歴史』）。生糸の輸入が減っているのは、生糸の国産化が進み、国産糸（和糸）が輸入品を代替するようになったためである。鎖国により特権を失った茶屋家のような貿易商人は、さらに和糸への転換が進むなかで没落していく。

新たな豪商の誕生

一方、新たに京へやって来て活躍し始める商人たちもいた。その典型が越後屋三井家だろう。三井越後屋（のちの三越）といえば、江戸日本橋を拠点とするイメージが強いが、京はその発展を支えた地である。松阪で質屋や酒屋を営む三井高俊の四男四女の八番目として、元和八年（一六二二）に誕生したのが「三井家の家祖」となる高利だった。

長男が江戸で小間物屋を営み、高利も一四歳から兄の下で働き、母を世話するため二八歳で帰郷、延宝元年（一六七三）五二歳の時、高利は再び江戸に進出して呉服店を開く。京に仕入店（室町通蛸薬師の東北）を置き、長男高平に京、次男高富に江戸を任せ、自らは松阪で采配したが、京本店の開業当初は高利自らが京で指揮した。

西陣織物や絹織物、小間物などの仕入れはもとより、長崎経由で輸入される織物も一度京に運ばれたため、呉服店として飛躍するには京に拠点を置く必要があり、京を拠点に江戸に出店して商いをする「江戸店持京商人」となる。江戸の越後屋が繁盛すると京本店も手狭になった。宝永元年（一七〇四）、三度目に拡大移転した店舗（室町通二条上ル冷泉町西側）は、明治になって三井本店が東京へ移動したのちも、三越京都支店として昭和五八年（一九八三）の閉店まで存続した（三井文庫編『史料が語る三井のあゆみ』）。

有力町人の台頭

五代将軍綱吉の頃には町人の台頭も目覚ましく、元禄時代（一六八八〜一七〇三）には上方を中心に井原西鶴や近松門左衛門に代表される町人文化が栄えた。上方の歌舞伎役者の佐野川市松が着た格子柄の衣装模様が大流行し、これが今日まで受け継がれる市松模様で、東京オリンピック（二〇二一年開催）のロゴマークとなった組市松模様は、伝統的な日本のデザインをベースに置いたものだった。時代のファッションリーダーとなっていく歌舞伎役者のパトロンとなったのが有力町人だった。

有力な町人たちは豪華な衣服を妻子のために誂えたが、人々を身分に分けて支配する幕府にとって彼らの豪華な生活は看過できず、しばしば衣服に関する禁令を出した。天和三年（一六八三）、呉服屋に対しては小袖の表地は銀二〇〇目を上限とし、金紗・縫（刺繡）・総鹿子の販売を禁じた。それぞれ金糸を用いた豪華な刺繡、輸入品の貴重な絹織物、手間のかかる総鹿の子絞り（糸で生地を括って染め分ける技法）などが多用された小袖である。裏を返せば、禁じ手を駆使した豪華な小袖が流行していた表れである。

先に述べた、将軍の娘だった東福門院（徳川和子）は、輸入品と思われる光沢のある綸子の生地に高価な染料の紅、金紗・縫（刺繡）・鹿の子絞りを用いた小袖を雁金屋へ発注している。この頃、呉服商と版元が「ひいなかた」（小袖雛形本）というファッションブックを作成し、それをもとに注文を受けた。そこには東福門院の小袖に似た図案も掲載され、今日と同じく、超セレブのファッションを有力町人の妻子たちも意識していたのだろう（河上繁樹「京都きもの玉手箱　第二回　武家奥方のモード革命」）。

このように西陣織物の需要が有力町人層に広がると、生産量の拡大が急務となり、技術の進化も加わって、作業工程の専門化が進む。一七世紀後半から一八世紀にかけて織屋から機道具屋・練屋（生糸の表面からセリシンというタンパク質の保護膜を除去）・紋屋（図案の作成）・染屋などが分業していく。後述する友禅染の登場はさらに分業に拍車をかけることになる（前掲『京都の歴史』5）。

友禅模様から友禅染へ

豪華な小袖を禁じられた有力町人の妻子たちは、禁令をおとなしく守り、呉服商も幕府の禁令に甘んじたのか。答えはノー。もともと流行の変わり目だったのかもしれないが、そこへ禁令が誘発剤となり、呉服商や職人たちが新しいデザインと技法を開発していく。

その一つが友禅模様と友禅染だった。当時、京では丸の中に繊細な絵を描いた扇が人気を博していた。その作者は扇絵師の宮崎友禅、彼のデザインに注目した呉服商が小袖に取り入れた。天和禁令から三年、貞享三年（一六八六）に刊行された『諸国御ひいなかた』には花の丸のなかに繊細な模様を描いた図案が見られ、「ゆふぜんもよう」とある。この「友禅模様」とそれを可能にした技法は次の元禄時代（一六八八〜一七〇四）に大流行する。

現在の友禅染（手描き）の技法は、まずデザインを決め、それを生地につゆ草から絞った青花（水に消える性質がある）で下絵として書き、その上に糸のような細い輪郭線（糸目糊）を描き、そこに筆や刷毛で色を挿し、生地を蒸して染料を定着させ、その後、水で洗って青花・糸目糊・余分な染料を落とし、乾燥させて仕上げていく。簡単に説明したが、各工程が大変複雑で手間のかかる技法である。

このような技法は「色絵」「上絵」と呼ばれ、すでに禁令の前から糊置きと色挿しを組み合わせて小袖に模様を描く染色技法が存在した可能性は十分あり、呉服商や職人がその技術を改良して友禅染を編み出したのだろう。扇絵師の宮崎友禅が染色技法を考案したとは考え難い（長崎巌「初期「友禅染」に関する一考察」）。

元禄元年には友禅模様を集めた『友禅ひいなかた』が刊行、元禄五年刊行の『袖ひいなかた』では色挿しと糊防染（色が入らないように糊で防ぐ染め方）の技法が「友禅染」として記述された。元禄一一年刊行の『和国ひいなかた大全』では多彩な色使い、ぼかしの技法も登場し、この頃には友禅染の技法が完成したと思われる（長崎巌『きものと裂のことば案内』）。このように友禅染は扇絵師の宮崎友禅のデザイン＝友禅模様から始まり、やがて染色技法の名称となり、今日の振袖や訪問着に引き継がれている。

江戸の成長と京都のゆらぎ

ちりめんの流行と地方産地

友禅染の流行は、新たな生地「ちりめん」の需要を生む。ちりめんは、今でも振袖や訪問着、喪服や留袖（とめそで）（慶事の既婚女性の礼装）など多くの呉服に重宝されているが、まっすぐな経糸に対し、強く撚った緯糸を織り込んでいくことで、生地にシボ（凹凸）ができ、独特の風合いを生み出す。生地にシボがあることで、色を挿すと深みを与えるちりめんは、江戸時代中期、元禄（一六八八～一七〇四）頃から、友禅染とともに発展していく。

ちりめんの技法は、一六世紀後半、中国の明（一三六八～一六四四）から堺へ来た職人より西陣へ伝えられたという。一七世紀には西陣でも織られるようになっていくが（黒川真頼『工芸史料』）、江戸時代初期には、まだ中国からの貴重な輸入品だった。

友禅染の流行とともに、ちりめんの需要が高まるなか、それまで西陣でしか織ることができなかったちりめん織の技法が、京都府北部の丹後地域に伝わるのは享保五年（一七二〇）とされる。八代将軍徳川吉宗（よしむね）（在任一七一六～四五年）による享保改革の時代で、幕府財政の悪化の立て直しが図られていた。

幕府は質素倹約とともに、金銀銅の流出を防ぐために、輸入品の国産化や特産品の創出を求めた。染織業を奨励し、江戸城の「吹上之苑」内には染殿（そめどの）・織殿（おりどの）を設置した。地方でも織物技術が向上した（佐々木信三郎『西陣史』）。また、養蚕書の出版も相次ぎ、国産生糸の質の向上と量産化も進んでいく。

丹後へちりめん織の技法が導入されて一〇年後の享保一五年（一七三〇）、西陣は大火に見舞われた（西陣焼け）。当時、西陣には一六〇町の織屋の町があり、約七〇〇〇台を数えた織機のうち三〇〇〇台余と大量の織物を焼失、品不足から地方産地の織物が求められた。関東では、元文三年（一七三八）に西陣から桐生へ高機の技法が伝えられたとされる（『工芸史料』）。

西陣の対応

「田舎絹」と揶揄されながらも、地方絹の発展は目覚ましかった。これを裏づけるかのように、延享元年（一七四四）には西陣が、京へ出荷する絹織物を、丹後からは三万六〇〇〇反、桐生は九〇〇〇反に制限するよう幕府に願い出た。

地方産地の追い上げのみならず、京のなかでも多くの織屋が登場したため、翌年七月には、西陣の高機織屋は、新規の織屋を禁じる株仲間の許可を得ている。すでに宝永三年（一七〇六）には専門とする織物ごとに鶴・亀・松・竹・梅の各組があり、未公認ながら織屋仲間ができていたが、この五組に永・紗の組が加わり、七組が公認された。松組・鶴組は繻子・呉綾・斜・博多織など、梅組・永組は錦・金襴・銀襴・箔織物類、亀組・竹組は繻珍・色糸織物、紗組が綾・紹・紗・精好などを製織した。その後、宝暦一三年（一七六三）に本字組ができて、高機八組となった（本庄栄治郎『西陣史料』）。この公認八組以外にも、西陣には綸子・縮緬・天鵞絨（ビロード）など多くの織屋仲間があり、それらも順次公認されたと推定される（杉森哲也「西陣の社会構造—西陣機業と下職—」）。

さらに、明和六年（一七六九）には、西陣が京の糸問屋仲間に働きかけ、地方産地への販売を停止させた。しかし、京の糸問屋が丹後産地への販売を停止すると、近江商人たちが丹後へ生糸を販売した。地方の成長を止めることはできず、西陣のブランドとしての地位が揺らぎ始める（北野裕子『生き続ける三〇〇年の織りモノづくり』）。

このように、西陣にとっては丹後の成長は阻止したいものだったが、一方、京の友禅染をはじめとする染色業者や呉服商は、良質な白生地が潤沢に近隣地域から入手できるようになり、京染を発展させていく。

江戸からの発信

江戸が大都市に成長するなかで、色鮮やかで総柄の友禅染に代表される「はんなり」（上品で華やか）した京の小袖とは違う、新しい江戸の小袖が誕生していく。寛政から文化・文政（一七八九〜一八二九）にかけて、江戸町人の間で「粋（いき）」の美意識が確立され、色は紺・茶・鼠、模様は縞（しま）、あるいは小紋（こもん）（全体に細かな模様を型染めしたもの）のすっきりした小袖が流行した。また、一八世紀後半には帯の幅が広くなり、小袖も総柄から裾（すそ）や褄（つま）（裾の左右両端）に重心が置かれるようになり、今日まで、その傾向は続いていく。相次ぐ幕府の財政改革、衣服に関する禁令などが大きく影響したものだった（河上繁樹「武家奥方のモード革命」）。

これらは富裕な町人というよりも、中流以下の町人の間で着られた。その需要を支えるため、関東地方でも先の桐生ばかりでなく、伊勢崎（上野国）・足利（下野国）などの織物産地が成長し、地方でも上質な織物が登場してくる。

天保改革と西陣

江戸時代の後半には、寛政改革、天保改革と相次ぐ改革が断行され、衣服に関する禁令も相次いだが、なかでも天保一二年（一八四一）に始まる天保の改革が京の染織業界に与えた影響は大きかった。江戸を中心に発令されてきた禁令を、老中（ろうじゅう）水野忠邦（みずのただくに）は大坂や京など直轄地にも徹底させ、効果を上げることを試みた（国史叢書『浮世の有様』４・５）。

京では、同年六月には、絹織物はいっさい製造および使用が禁じられ、表具・羽子板・雛人形、その他装飾品、女子の髪飾りに至るまで、金銀糸や織物の使用が禁じられた。翌月には綿織物といえども手数がかかった品や数奇をこらした品の製造・販売が止められた（本庄栄治郎『西陣史料』）。

翌天保一三年六月には、西陣の織屋株仲間の各組の組頭・年寄が一人ずつ、計三六人が西町奉行所へ呼び出され、西陣織物は名産だが時節柄不当の織物で、着用が差し留めになったので、華美な織物の製織を禁止する、と申し付けられた。翌年も西陣へ華美巧妙な新規織物の製造禁止が伝えられた。一一月になると、町人男女の衣服には木綿・麻布の外はいっさい着用しないこと、また、木綿・麻布でも手数がかかったものも禁じられた（同前）。そのため、これまで高度な絹織物を追及してきた西陣でも、木綿織が行われるようになる。技術のハードルが下がり、天保一三年三月には株仲間の廃止が通達されたこともあり、新規の織屋が登場して粗製濫造の織物が出回った。これまで高級な絹織物を中心に扱ってきた京の呉服商や問屋も、綿織物や関東織物を商わざるを得なくなっていく（前掲『京都の歴史』７）。

当時の京の染織業界は、

> 西陣の織屋を始め、呉服商人おもたる所になるに、厳しくこれを止められし故、何れも大に困窮に及ぶ。別て織屋の下職をなして糸を繰り絹を絞り、鹿子（かのこ）を結ひ縫（ぬい）をなし、天鵞絨（ビロード）つみ杯（など）して世を渡

りたる者共、聊もなすべき業もなければ、何れも飢餓に迫りしと見え
（国史叢書『浮世の有様』5、一一二頁）

とあり、織屋・呉服商のみならず、その下で鹿の子絞りや天鵞絨などの高級品に携わる職人たちの困窮が伝えられている。

藩が支えた丹後産地

一方、享保期（一七一六〜三六）からちりめんを織り始め、機数が増え続けた丹後産地では、政治改革の影響はなかったのだろうか。当時、丹後国には峰山藩（約一万石）と宮津藩（約七万石）があり、ちりめん織の生産が盛んだった。

小藩の峰山藩では財政を豊かにするため、当初から農家の副業としてちりめん織を推奨した。寛政改革で売れ行きが悪くなった際には、藩自らが領内のちりめんを一手に集め、改印を押して、京の問屋と組んで京のみならず、堺や大坂への販売も後押しした。藩が専売制とブランド化を推進して特産化を図った。

一方の宮津藩は、農業がおろそかになるという理由で、当初はちりめん織の抑制政策を続けた。しかし、財政を立て直すため、天保年間（一八三〇〜四四）には藩が京に用場を設けてちりめんの検査を行い、領内での売買を禁じて専売制を始め、さらに株仲間の解散令ののち、京に呉服所を設けて販路を開拓していく。

このように株仲間を停止すると藩が物資を統制し、結局は幕府が意図した諸国物産の三都への入荷増と物価の引き下げは実現せず、京では嘉永六年（一八五三）末頃から株仲間が再興していく（前掲『京都の歴史』7）。

開国の影響

安政五年（一八五八）、日米修好通商条約が締結され、二〇〇年以上にわたる幕府による貿易独占状態が解かれた。その時、日本からの輸出品の第一位で中心を占めたのが生糸だった。先に書いたように、鎖国前はもとより鎖国後の一八世紀初頭でもオランダからの輸入品のトップを占めたのが生糸だったことを思うと、この間にいかに養蚕が奨励され、良質な生糸の国産化が進んだのかがわかる。西陣や丹後の絹織物の原料である生糸は外貨を稼ぐ商品としてできる限り輸出されたため、高騰してしまい、国内の衣服用には回らなくなっていく（北野裕子『生き続ける三〇〇年の織りモノづくり』）。

開国は天保改革よりもさらなる打撃だった。たとえば、西陣にあった町のうち、花車町では天保改革期よりも開国後の方が借家人たちの転出が多かった。株仲間の解散時は、技術が低い木綿織などでまだ新規参入者もいたが、開国は深刻な失業をもたらし、人口を減少させた（浜野潔「西陣の経済危機と人口」）。

この開国を巡る騒動は、長らく政治とは距離があった京の朝廷の存在が急激に浮上していく契機となった。幕府の命を受けた大名や旗本のみならず、雄藩の大名、浪人や志士たち、それぞれが思惑を秘めながら京へやって来るようになる。

文久二年（一八六二）五月から約一年間に上洛した大名は、五〇をはるかに超えた。三代将軍家光以来、二二九年ぶりとなる第一四代将軍家茂（いえもち）が文久三年に上洛したことが、さらにその傾向に拍車をかけた。先の貞享二年（一六八五）出版の『京羽二重』では、京に屋敷・用達・呉服所など取次機関を置く大名は一五四だったが、幕末の文久三年出版の『花洛羽津根』では二〇三と、何らかの形で京の情報を得ようとする大名が増加した。

　また、薩摩藩や鳥取藩など新しい京屋敷を建築する動きや上洛してきた大名たちが手狭で戦闘に向かない京屋敷ではなく、堀や土塁を持つ朝廷と関係が深い有力な寺院に入る動きも見られた。一方、大商人は幕府からの御用金（財政不足補填のため臨時に上納させた金のこと）や諸藩からの借金の要請に苦慮し、多くの武士の駐留は京の町に物価上昇と社会不安を増大させた（前掲『京都の歴史』7）。

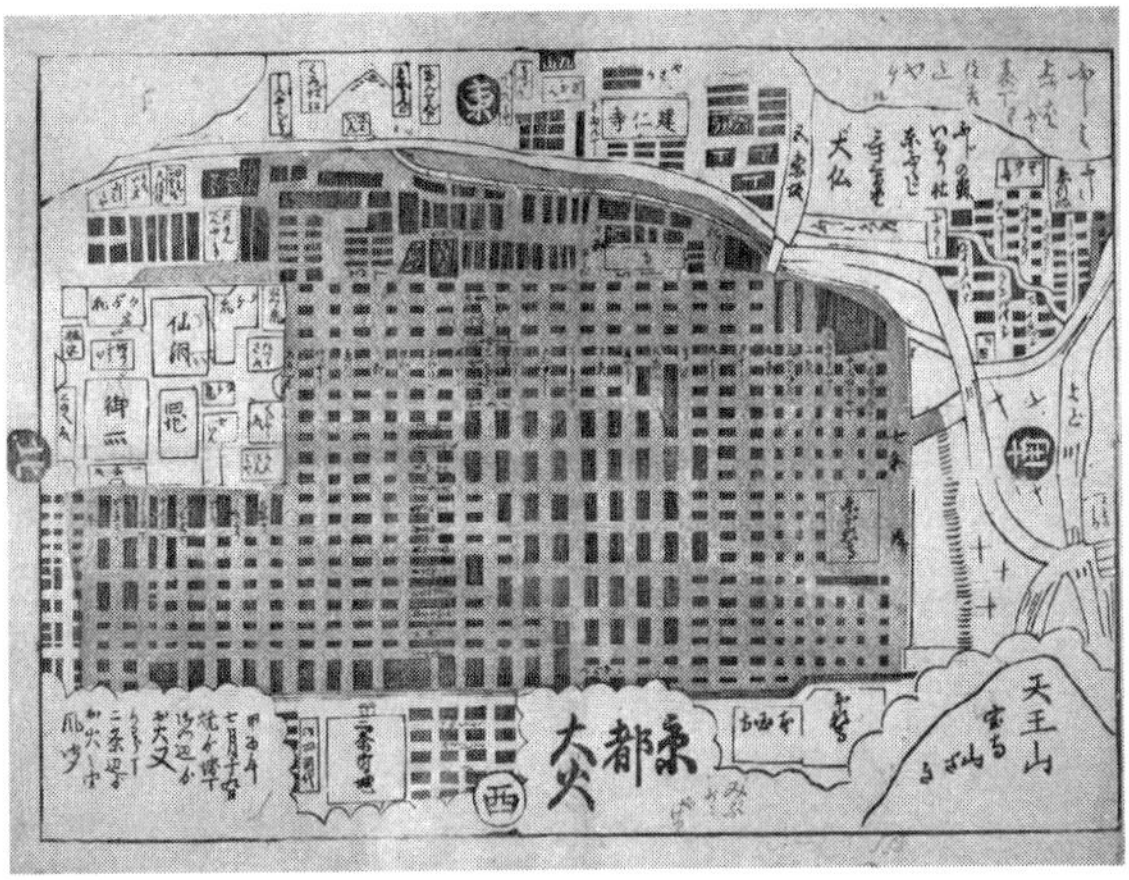

図3　どんどん焼け（瓦版「京都大火」，東京大学史料編纂所所蔵）

変貌する幕末の京都

　将軍家茂は慶応二年（一八六六）七月、第二次長州征討の途中、大坂城で没する。二一歳の若き将軍の亡骸は、公武合体の象徴として京から嫁いできた和宮（孝明天皇の異母妹）のもとに帰ってきた。その時、和宮は家茂の遺品九点を譲り受けていたことが、側近女官の庭田嗣子の記録『昭徳院（徳川家茂）御凶事留』から確認できる。そのなかに「織物一反」が含まれており、これをもとに和宮が悲しみの思いを「空蝉の　唐織ごろも　なにかせむ　綾も錦も　君ありてこそ」という和歌を詠んだと伝わる（竹部敏夫『人物叢書　和宮』）。小説や映画・ドラマでは、家茂が江戸出発にあたり、和宮のために西陣織物を土産に持ち帰ろうという情景が描かれることがあるが、この史料から想像されたものだろう。

さらに和宮は悲歎のなか半年も経たぬ間に、孝明天皇を失う。生まれた京の町も、すでに元治元年（一八六四）七月、幕府・会津藩・薩摩藩などと長州藩との戦闘（蛤御門の変・禁門の変）で北は御所、南は七条通、西は堀川、東は鴨川までの地域が大火に見舞われていた（どんどん焼け、図3）。当時の京の家数は、上京（四条通より北側）二万四〇〇〇、下京（四条通より南側）二万八〇〇〇程度といわれており、そのうち上京では五〇〇〇余、下京では二万以上が焼け、京の経済の中枢部が焼失した（小林丈広『明治維新と京都』）。幸い火の手は西陣地区までには及ばなかったが、市中にあった呉服商や呉服所の被害は甚大だった。

江戸時代前期に開花した〈染織の都〉は、幕末には多くの武士が跋扈する「政治の都」へと変貌し、武力衝突によって大きな打撃を受けることになった。

混乱する伝統と革新

明治維新期

明治維新と京都染織業

明治維新期の京都

慶応三年（一八六七）一二月九日、京都御所の学問所にて「王政復古の大号令」が発せられ、新政府が成立した。翌慶応四年正月、旧幕府軍と新政府軍が京都の鳥羽・伏見で衝突し、戊辰戦争が始まるなか、閏四月には、長谷信篤（一八一八〜一九〇二）が京都府知府事（初代京都府知事）に任命された。公卿（三位以上の上級公家）出身で、明治新政府の参与、議定、大津裁判所総督を経て就任した。

関東が平定された七月には、江戸を東京と改称する詔書が出され、九月には明治へと改元、同月に天皇は東京へ向かって出発し、年末まで東京城（もとの江戸城）に滞在した。その後、京都に戻った天皇は、明治二年（一八六九）正月、町の人々に酒やスルメなどを振舞い、合わせて合計金四二六六両余を下賜した。天皇が長期にわたって京都を離れていたことに対して、不安を和らげようとするものだった。なお、これまで京（洛中）の境界は秀吉が築いた御土居であった（京都市編『京都の歴史』7）。

しかし、天皇は三月、再び東京へ向けて出発、そのまま戻ることはなかった。ただ、京も都として残されたため、これを東京遷都ではなく奠都という。こうして京都は東京へ首都の座を明け渡し、「千年の都」としての地位を失い、一地方都市となった。

幕末に政治都市として賑わった京の町は戦闘で焼失し、明治維新を迎えると、多くの大名や武士たちも去った。

明治二年、天皇を直属で支えていた「公卿」も、大名家とともに「華族」になり、東京へ移った。維新期の公卿（堂上）は摂関家・清華家・大臣家のほか昇殿を許された家など、合わせて一三八家に上った。江戸時代には、これらに天皇家と親王家（宮家）を加えた家々が公家社会の上層に位置し、朝廷の要職を占め、彼らの下に種々の仕事に携わる家が決まっていた。さらに天皇家や摂関家の子弟が入山して門跡となった寺院が一九か寺、皇女などが入った比丘尼御所が一五寺などあり、公家は京都社会に根を広げていた（小林丈広『明治維新と京都』）。

明治一一年時点で京都に残った華族は七九家、なかには東京と京都の二重生活の負担は重く、一度、東京へ行き戻ってきた華族もいた（刑部芳則『京都に残った公家たち』）。東京へ移った天皇や華族たちの生活を支えるため、虎屋（和菓子）、鳩居堂（文具・香）など京都の有力商人も東京へ進出した（前掲『京都の歴史』７）。

明治維新は、京都の宗教界をも直撃した。京都は多くの寺社がある宗教都市でもあり、法衣、袈裟、打敷（仏壇の敷物）などを西陣に注文してきた寺院が、慶応四年三月の神仏分離令を発端として、仏教を排斥する廃仏毀釈の動きに襲われた。東本願寺を例にすると、元治元年（一八六四）七月のどんどん焼けで本堂をはじめ多くの建物が焼失したところに、さらに新政府が殖産興業の資金とすべく寺領の上知も行ったため、窮乏する（同前）。多くの寺院がこの憂き目にあった。

正確な数値は不明だが、京都の人口は江戸時代を通じて三〇万人程度だったのが、明治になると二三万人へと減じたとされる（京都市市政史編さん委員会編『京都市政史』一）。平安時代からの顧客である公家、江戸時代には有力なパトロンだった大名も東京へ移動し、多くの寺院が逼塞し困窮したことへの、京都染織業界の危機感は大きかった。

殖産興業への道

このなし崩しの東京奠都や皇后東行の準備が進むなか、明治二年九月には、京都の町衆は天皇の還幸を求めるデモを起こした。各町組の代表者や個々の有志たち約一〇〇〇人が御所の石薬師門前に集まった。これに対し、町を代表する大年寄らは、京都府の意向を受けて事態の鎮静化を図り、新政府からは各町へ菊紋付きの素焼きの盃が配られた。京都府は町の発展策としての殖産興業への助成を新政府に要請した。

新政府から京都府へ、明治二年には勧業基立金一五万両（現在の七五億円ほど）が貸し付けられ、翌三年には産業基立金一〇万両も下付された。この基立金は窮民救済ではなく、産業振興に使うべしという条件が付いた。京都府ではこれらをもとに、のちに二代京都府知事になる槇村正直（元長州藩士、一八三四〜九六）が勧業政策を推進する。

明治四年二月、槇村は勧業場（河原町二条下ル一之船入町、旧長州藩邸）を開場し、ここを中心に、新時代の京都の産業政策を進めていく。勧業場開設に先立ち、明治三年一二月、京都舎密局の仮局を設置し、明石博高（一八三九〜一九一〇）が局長に任命された。「舎密」とは、オランダ語chemieのあて字で、「化学」を意味していた。明石は天保一〇年（一八三九）に京都の薬種商に生まれ、漢学、西洋医学・科学を学んだ人物で、すでに幕末に京都最初の化学研究所とされる煉伸舎を組織し、理化学の講義や実験を行なっていた。

京都府では明治六年にかけて、槇村と明石が中心となり、舎密局、養蚕場・製革場・製糸場・牧畜場・女紅場(にょこうば)（女子に読み書き・算盤・裁縫・手芸などを教育する機関）・栽培試験所・鉄具製工場・製靴場・製紙場などを設置していく。とくに染織については勧業場内に、明治七年に織工場(おりこうじょう)（のちの「織殿(おりどの)」）ができ、翌八年には舎密局内に「染殿(そめどの)」、九年には「西洋色染所」を設置した。

また、京都府は三井八郎右衛門（三井組）・小野善助(おのぜんすけ)（小野組）・熊谷直孝(くまがいなおたか)（鳩居堂）の有力商人が発起人となって開催した京都博覧会も支援した。第一回は西本願寺や建仁寺などを会場に開かれた。博覧会は成功し、明治四年一一月に三井・小野・熊谷らが京都博覧会社を創設したことに合わせ、京都府は京都博覧会御用掛を設置し、府民とともに取り組んでいく（前掲『京都の歴史』7、前掲『京都市政史』一）。

産業振興による復興をめざしていた京都府は、明治五年に府下の商売や職業の戸数を租税寮（現在の財務省主税局に相当）大坂出張所に報告した。そこには二九四種・五万五一九一戸が記されている。そこから原料の糸づくり、織り、染め、縫製、これらを統括する「悉皆(しっかい)」などの生産に関わる業種と、これらを販売する業種など染織関連と思われる名称と戸数を抽出したのが表1で、染織関連業者は一万四六三〇戸、全体の二六・五％を占めた（京都府立総合資料館編『京都府百年の資料二　商工編』）。

製造と販売を兼ねる業者もあり、二つを区分することは難しいが、表中で製造に関わると思われる業者に○をつけた。これらの他にも中古品を売る古手(ふるて)業者も一〇四七戸あり、主には古着を扱った。なお、表1には「友禅染(ゆうぜんぞめ)」がないことに注意しておきたい（後掲五五頁）。

ところで、明治初期の日本の産業はどのような状況だったのだろうか。内務省勧業寮編「明治七年(一八七四年)府県物産表」によると、当時の日本の全生産額三億七二三〇万六九七四円、うち農産物が二億二七二八万六七〇一円で六一%と最も多く、工産物は一億一一八九万一五五九円と三〇%を占めたが、農産物の半分以下だった。

京都織物業の地位

府県別生産額では、京都府が一六一八万六四七六円で首位、大阪府が九五六万四七六九円、東京府が四二一万九四五〇円と続いた。京都府は工産物の割合が全体の六二・四%、大阪府は六三・七%、東京府も五〇・九%を占め、他県のトップが農産物だったのとは大きく産業構成が異なっていた。江戸時代の三都は、手仕事とはいえ、すでに明治初期には工業化が進んでいた。

表1　染織関連の商売・職業

名　称	戸	製造業者
麻苧	115	
呉服並太物	1611	
股引服当足袋	224	
西陣織物商	188	
木綿晒布	89	
半衿	54	
風呂舗（敷）	13	
生糸	125	
諸糸類	179	
法衣	87	
合羽油団類	42	
合羽装束	9	
糸組物	442	
真綿並綿類	201	
紅花	14	
藍蝋藍玉	15	
蚊帳	5	
綛糸	15	
紺屋	406	○
糊置	80	○
染物	541	○
鹿子絞並諸絞	186	○
上絵下絵彩色	154	○
洗濯並張物	320	○
湯熨斗	75	○
諸織物	2255	○
袋物	227	
仕立物	3343	○
板〆師	31	○
官服装束類	25	
火防衣類	7	
綿打	7	○
藍染	82	○
縫箔師	435	○
糸職	2252	○
真田織	12	○
悉皆	761	
計	14630	

（出典）「京都府下諸商売職業記」明治5年（京都府立総合資料館編『京都府百年の資料』2商工業, 京都府, 1972年, 111〜118頁）をもとに作成.

工産物のうち、織物（綿織物・絹織物・絹綿交織織・麻布その他）の全国総産額は一七一五万九一四一円で、工産物の総生産額の一五・三％を占めた。織物産額の内訳は綿織物が六三・三％、絹織物が二六・七％だった。綿織物は産額では大阪・新川（富山）・愛知が上位にあり、絹織物では京都が一五〇万三〇二五円でトップに立ち、栃木が六四万九八七六円で二位、丹後ちりめん産地を含む豊岡県が四四万六〇〇三円で三位だった。栃木の産額が多いのは「西の西陣、東の桐生」と称された桐生織物によるものだろう。桐生は現在では群馬県だが、明治七年段階では栃木県の管轄に入っていた。やはり、京都は絹織物では圧倒的に優位な地位にあった（山口和雄「「明治七年　府縣物産表」の分析」）。

『織物集説』と『西陣織物詳説』

明治六年に開催されるウィーン万国博覧会は、日本政府がはじめて公式に参加する万博で、日本の物産を世界に紹介する大きなチャンスだった。何を出品するのか調査するため、博覧会事務局が各府県に情報を提出させ、それらをまとめたのが『織物集説』（国立国会図書館蔵）だった。そのなかには以下の織物の詳細が綴り込まれている。なお、（　）内は現在の府県名を示す。

綴錦（京都）、五日市黒八丈（東京）、結城紬木綿・下館木綿・晒・水振（茨城）、桐生織物（群馬）、奈良晒（奈良）、津振（三重）、掛川葛布（静岡）、都留郡織物（山梨）、兵主縞布・晒布・八幡蚊幮・近江縮緬絹縮・長浜天鵞絨・高宮晒布・長浜蚊幮（滋賀）、岐阜縮緬・美濃羽二重等（岐阜）、八反掛八入織・精好織・紙布織（宮城）、川股（俣）小綱木織物（福島）、小千谷縮（新潟）、那珂木綿縮（山口）、博多津織物（福岡）、奉書紬・紋織・七子織・綾織・絽・紗・綸子・木綿縞・苛布・紬・白木綿・裂織（福井）、峰山縮緬・宮津縮緬（京都）、河内木綿・草棉・袋真田・段氈・

紋羽・縞木綿・白木綿（大阪）

東京を核とする関東と、京都・大阪がある関西の織物が多いが、東北の宮城・福島から、北陸、さらに中国の山口を経て、九州の福岡まで、全国に多数の優良な織物があったことがわかる。冒頭の「綴錦」は西陣織の一種である。

「織物総論」では、太古からの織物の歴史を述べた上で、西陣の機織場は天下一で、大和錦・緞子・金襴・縮緬・繻子・綸子・天鵞絨などをはじめ、ほかに織出せないものはなく、精巧で華麗、他の国を驚しているという。このように多種多様で高度な織物を産出する西陣織物については別に『西陣織物詳説』上・下が刊行されている。この大和錦とは「高機ヲ用ヒ花文を織ル」（下・第六篇）とあり、高機を用いて模様を織り出す紋織物のことだろう。江戸時代の後半から地方の織物に追い上げられ、幕末から維新の混乱はあったが、明治初期の西陣は国内では圧倒的な技術を保持していた。

万国博覧会への挑戦

このウィーン万国博覧会を発端に、明治政府は以降、次々と万国博に出品を続け、日本の物産を世界に紹介した。表2は明治六年から一一年までの万国博覧会における京都の染織関連の受賞者と受賞品をあげたものである。ウィーン万国博では、受賞者一八名（団体を含む）のうち染織関連は一三名、後述する西陣物産会社の一八の支社が入っている（四七頁）。京都からの出品は染織品のほか、磁器・七宝・花瓶・金属細工・扇・刺繡額・屏風・墨・香・茶などが主なものだった。これらの受賞品は今日、経済産業者が認定する「伝統的工芸品」（「伝統的工芸品産業の振興に関する法律」一九七四年）に類するものが多く、近代的な大工場で機械生産したものではなく、手づくりの品々だった。

表2　万国博覧会における染織関連の受賞者と受賞品（明治初期）

開催場所	年次	分類	賞	受賞者（受賞品）
ウィーン	明治六年（一八七三）	衣服織物	進歩賞牌	伊達弥助（絹織物）
		同	有功賞牌	羽二重社（西京絹）・模様社（織出絹）・紗織社（同）・綴社（綾織絹）・友染社（綾織絹）・中村吉兵衛（紐笹縁）・金糸屋平兵衛（金糸）
		同	表状	天鵞絨社（天鵞絨）・鹿ノ子社（絹物）・錦蘭社（金銀交織ノ絹布）・古帯社（絹ノ帯）・夏衣社（絹ノ夏物）
フィラデルフィア	明治九年（一八七六）	第八類	賞牌受領	女紅場（綿段通）
		第九類	〃	中川与兵衛（縮織）・西陣織工（綿緞）・西村治兵衛（縮緬）・富田清助（紗）・鹿ノ子商社（染色縮緬）・峰山諸工（縮緬）
		第十類	〃	西村總右衛門（刺繡）・田中利兵衛（同）・女紅場（女工各種）
パリ	明治一一年（一八七八）		名誉賞状	西陣織物会所（西陣織物等）
			銀牌	小林綾造（西陣織物各種）・大橋弥兵衛（塩瀬地繡入額）・西村總右衛門（塩瀬地友染、繡入帛紗其他）
			准銀賞状	女紅場（女紅製品各種）
			銅牌	西村總右衛門（博多織繡入卓被類）・平田新七（紋綾）・村上藤七（大和錦）・安田善三郎（鹿の子絞）・女紅場（綴錦織）・田中利兵衛（繻子地繡入帛紗其他）・山崎倭文（刺繡額）
			賞状	田中利兵衛（繻子地繡入屏風）・喜多川平八（紗織）・坂口清兵衛（塩瀬地繡入帛紗地其他）

（出典）東京国立文化財研究所編『明治期万国博覧会美術品出品目録』（中央公論美術出版、一九九七年）、永山定富編『海外博覧会本邦参同史料』第2輯（博覧会倶楽部、一九九三年）をもとに作成。

明治期の万国博は見本市の要素が強く、海外での評価を得る絶好の機会となった。京都の出品数は全国的にも多く、日本政府が参加した万国博には必ず京都府は参加し、世界にチャレンジし続けた。このことは、維新期に危機を迎えた京都にとって復活への大きな一歩となった。表2のなかで、ウィーン万国博の進歩賞牌を受賞した伊達弥助（西陣）、フィラデルフィア万国博やパリ万国博で刺繡の技で受賞を重ねた西村總左衛門（千總）などの挑戦については、この後、具体的に紹介していく（後掲六二頁）。

洋装化の始まり

宮中への参内、行事、式典などの装束を製作してきた西陣は、京都から天皇や公家、武家が去っていった打撃だけでなく、洋服という大きな脅威にもさらされていく。

明治五年一一月に宮中の礼服制度が改められ、特別な祭服としての衣冠を除き、高官の礼服は洋装の大礼服と通常礼服となった。大礼服は宮中の新年拝賀をはじめ重要な儀式や行事の際に着用するもので、上着は黒羅紗の生地に金モール刺繡を付け、官職に応じて白・鼠・紺の羅紗地のズボンをはいた。通常の礼服は今でも使われている燕尾服になり、明治一〇年から略礼服としてフロック・コートが加わった。

これに準じて、一般の官吏、官立学校の教師なども洋服を着るようになり、鉄道員・郵便配達人・警官、さらに学生にも制服として洋服が採用されていく。軍服から始まり、礼服、制服と、男性社会の公的な世界で洋服が広まっていく。

それに対し、女性のほうは明治時代を通しても、洋服を着るのはごく限られた上流社会の人たちにとどまり（後述七六頁）、一般の女性たちには、洋服はまだまだ遠い存在だった。

維新期の西陣

高機八組から西陣物産会社へ

明治になっても京都の織物業、また西陣の技術は全国でトップだったが、幕末から明治維新の激動の時代に西陣産地はどのような状況にあったのだろうか。

幕末の文久四年（一八六四）には西陣の織屋は三八一九戸、高機のほかに一八種の織物を織っていたことが確認でき、全体の約半数を高機が占めていた（表3）。この年に禁門の変による大火に襲われるので、その前の数値と思うが、江戸時代半ばにできた高機八組（鶴・亀・松・竹・梅・永・紗・本字、一二〇頁参照）は天保の株仲間解散、幕末の再興を経て明治元年（一八六八）まで存在した（前田達三編『西陣織物館記』）。先の明治五年の京都府報告（表1）では京都府全体で諸織物業者が二二五五戸だったので、この間に職人たちが地方へ流出し、西陣が危機にあったことがわかる（京都市総務部庶務課『京都市政史』一）。

そのため明治二年、初代京都府知事の長谷信篤が、勧業資金一五万両のうち三万両を西陣に貸与し、一一月には西陣物産会社が設立された。同社には製織品ごとに、模様社・金襴（きんらん）社・博多社・繻子（しゅす）社・夏（なつ）

表3　文久4年（1864）の京都西陣織屋

種　　別	戸数	%
高機	1,978	51.8
天鵞絨	363	9.5
古帯	328	8.6
縮緬	246	6.4
丹後縞	153	4
撰絲羽二重	140	3.7
捩子	127	3.3
真田	101	2.6
生高機	98	2.6
熨斗目片色	65	1.7
太物	56	1.5
絹上布	49	1.3
斜子	25	0.7
京越後	25	0.7
新在家熨斗目	24	0.6
絵絹	18	0.5
茶鴉	11	0.3
精好平	8	0.2
篩精好	4	0.1
合計	3,819	100

（出典）農商務省編『興業意見』巻16（大蔵省編『明治前期財政経済史料集成』19，明治文献資料刊行会，1964年，8頁）をもとに作成．

衣(ごろも)社・新（真）古帯社・綸子社・縮緬社・紗織(しゃおり)社・羽二重(はぶたえ)社・古帯社・練絹(ねりぎぬ)社・精好(せいこう)社・絵絹社・綟(も)子(じ)社・木綿社・天鵞絨社・真田(さなだ)社の一八支社があり、肝煎(きもいり)（世話役）として機業家七二名が任命され、原料の共同仕入れや製品の販売などに挑戦した（佐々木信三郎『西陣史』）。

一八の支社には表3と同じか、似た名称も多く、江戸時代の織物仲間が改組されたのだろう。天保改革で華美な織物の製織を禁じられたために取り組み始めた木綿織物の木綿社も見られ、西陣の技術は江戸から明治へと継承されていた。しかし、その後、西陣物産会社の結束は、明治八年ころには弛緩し、明治一〇年に京都府は、新たに府令第二三〇号をもって「西陣織物会所」の設立を布達する（『西陣織物館記』後掲七三頁）。

このような西陣織物業者のなかで、室町末期の元亀二年（一五七一）から内蔵寮織手として朝廷の装束を調進する特別な存在だった「御寮織物司」（井関・和久田・小島・中西・階取・久松）の六家は、どのような道をたどったのだろうか。

御寮織物司出身の小林綾造

「御寮織物司」のうち、文化五年（一八一二）に階取が、天保九年（一八三八）に久松が断絶したため、その名跡を継いだのが小林家で、維新期には御寮織物司は五家になっていた。明治三年には内蔵寮が廃止され、内蔵頭の山科家のもとに御寮織物司も解消されるが、五家は改めて宮内省用度局へ召喚された。明治五年には五家のうち中西昌作・三上復一・小林綾造が東京へ行き、宮内省から従来の通り、天皇・皇太后・皇后・皇太子の御衣等の調進を命じられた。その後、明治九年からは中西と三上は病気のため、代理人で御用を勤めていたが、結局、小林綾造が御用織物調進方を担当していく（本庄栄治郎『西陣史料』）。

小林綾造は時代の流れを読み、東京日本橋区呉服町に店舗を出し、小石川に広大な別荘を構え、宮中や各宮家はもとより、新しく明治政府で権力を得た人々の要望を受け、後述するように西洋織物の需要にも応じた（七七・八八頁）。とくに三条実美や伊藤博文が重用した（玲瓏館主人「小林綾造寸描」『上方』一〇二号）。

フランスへの留学生派遣

話を西陣全般の動きに戻そう。長谷知事は、近代産業の発達には洋式工業の導入が必要とする新政府の意向を受け、西陣機業の発展も機械力によると考え、明治五年、物産会社世話役の竹内作兵衛を海外に派遣し、新織法を伝習させようとした。だが竹内は高齢のため固辞、主家に代わって別家の佐倉常七が選出され、大役を引き受けた。職工の井上伊兵衛

図4　フランス留学生（リヨンにて，左から吉田・井上・佐倉）

と吉田忠七も、ともにフランスへ留学することとなった（図4）。佐倉と井上が実地の習得を命じられたのに対し、自ら同行を嘆願した吉田は理論の研究を志願した。

一一月一五日、京都駅を出発し、一七日に神戸港から留学の途に着くが、出発前の一〇月、京都府へ提出した請書には、①目的は織物修行と器械買入、②京都府仏学校（フランス式の洋学校）のお雇い教師レオン・ジュリーを頼みとすること、③フランスのリヨンでは、テトウロサン第一番絹織工ジュールス・リズレイに従って織り方をはじめ、織糸の精選、機械の研究、染法や寸尺の適宜に至るまで詳細を、ことごとく修業することなどが記載されている（前掲『西陣史』）。

海路五五日を経てマルセイユへ到着した。パリでは洋式工業の予備知識がないため、新織法の伝習は苦心惨憺たるものだったが、明治六年一二月、佐倉常七と井上伊兵衛は、ジャカード・紋彫機・バッタン・金筬・杼など一〇種の機器とともに帰国した。明治七年三月には、第三回京都博覧会に持ち帰った機器が展示され、その後、勧業場内に織工場（のちの織殿）が建設されると、これらの機械や器具が据え付けられ、八年一月には佐倉と井上は教授となり、新織法の普及に努めた。

しかし、帰国の延期を願い出て研究を重ねていた吉田忠七は七年三月二〇日の夜、乗船したニール号が伊豆沖で遭難し、大きな志と習得した知識、そして購入した機械とともに、到着まであと少しのところで海へ沈んでいった（京都近代染織技術発達史編纂委員会著作・監修『京都近代染織技術発達史』）。

ウィーン万国博覧会への派遣

佐倉常七・井上伊兵衛・吉田忠七の三人がフランスへ出発して二か月、明治六年一月三〇日、オーストリアで開催されるウィーン万国博覧会へ、博覧会副総裁の佐野常民に随行して、西陣から伊達弥助（四世）とその手代の早川忠七の二人が出発した。この博覧会で西洋の先進的な技術を学ぼうと、伊達と早川を含め、陶器や漆器など各種工芸の伝習生二四人が派遣された。四世弥助はウィーン万国博で大賞に次ぐ進歩賞牌を受賞し（表2）、覚悟を決め、家督を息子（五世弥助）に譲っての旅立ちだった。

伊達家は井筒屋弥助を通称とし、高機八組の一員として主に綾綸子を織った。四世弥助（一八一三〜七六）は、漢学・蘭学を学び、医学・電気学・写真術なども習得し、鍋島家（佐賀藩）から招聘されたが、応じなかったと伝わる人物だった。幕末の西陣で糸問屋の打ちこわしが起こった際、混乱の収拾に努め、その後、西陣機業家の総代に選ばれて復興に尽力した。また、天鵞絨織に友禅模様を染め出す方法や繻珍緞子の改良など、多くの織物の創出や改良にいち早く挑戦し、さらに養蚕の研究にも取り組んだ。

また、同行した早川忠七は、のちに四世弥助の養子となり、明治一一年のパリ万国博覧会の時には、三井物産パリ支店長として、博覧会事務館長の前田正名から命を受けて万国博の諸事にあたった。後年には稲畑勝太郎（後掲一四五頁）が創業した染料輸入貿易会社の稲畑商店東京支店長を務めた（秋元せき

「西陣の近代化と帝室技芸員伊達弥助」)。

四世弥助と早川忠七は、オーストリアのほか、フランス・ドイツ・スイス・イタリアなどで約二年間にわたり西洋技術を学んだ。到着した明治六年五月、イタリアの工場を見学して、「西陣絹物の儀は各国と立ち相せ候時は色悪しく澤悪しく」(田中多喜雄編『伊達周斎翁伝』)と、西陣の絹織物が各国よりも色や光沢が悪いと、郷里への手紙に綴った。

オーストリア式ジャカード機をはじめ、数多くの織物用機械器具一二〇〇点余と織物標本など広く参考品を収集して持ち帰り、明治八年には東京の勧業試験場へそのジャカード機を据え付け、明治天皇も見学した。オーストリア式は西陣のほか各地へも紹介されたが、紋彫機とジャカード機の関連が上手くいかず、普及には至らなかった(前掲『京都近代染織技術発達史』)。

伊達家の功績

四世弥助自身は、美術織物の制織には西洋の機械は使わず、日本の伝統的な織機が適していると考え、伝統技法の保存に尽力した。彼はウィーンへ行った当時すでに六〇歳、明治九年に死去した。その志と技術を引き継いだ五世弥助(一八三八〜九二)は、意匠や色彩感覚に優れ、実業家としての才能も備え、父とともに伊達家の最盛期を築く。機械製織は参考程度にとどめ、古代織物の研究や復元に力を注ぎ、西陣の伝統を継承していく。

また、名望家としても活躍し、明治一八年の関西大水害による不景気で西陣も大打撃を受けて多くの職人が失業したが、新たに町屋を借りて彼らの力量に合わせた仕事を与えた。美術織物の製作に尽力し、明治二三年には第三回内国勧業博覧会の審査官を命じられ、彼の作品は一等妙技賞・二等有効賞を受賞し、同年に明治天皇から第一回帝室技芸員の称を賜った(前掲「西陣の近代化と帝室技芸員伊達弥助」)。

その後、六世弥助は病弱だったため、家業を分家の伊達虎一（五世弥助の養子、娘婿）に譲り、古代織物の研究に専念した。一方、虎一は五世の作風を継承、内国勧業博覧会や万国博覧会に出品・受賞し、明治四〇年からは西陣織物同業組合第六代組長として活躍し、京都市会議員や京都商工会議所委員なども務めた（『西陣織物館記』）。伊達家は近代化・工業化の波が押し寄せる西陣において美術織物分野で大きな足跡を残した。

ジャカード機とバッタン機

西洋の機械のうち、フランス留学組もオーストリア派遣組もどちらもが持ち帰り、西陣に影響を与えていくのが、ジャカード機（図5）とバッタン機だった。ジャカード機は一八〇一年にフランスのジョセフ・マリー・ジャカール（Joseph Marie Jacquard）によって発明された機械で、紋紙と呼ばれる、厚紙に穴を開けたパンチカードを使用し、糸を制御することで生地に模様を生み出すことができる。

図5　ジャカード機

西陣が得意とした紋織物（二〇頁参照）をつくるには、高機の上に載った人が糸を動かす空引機（そらびきばた）が必要だったが（二一頁参照）、織機の上にジャカード機を搭載すると一人で製織できるようになる（ジャカード織機）。しかし、輸入のジャカード機は高価で、少量多品種で複雑な織物を生産する西陣では多くの紋紙が必要で技術も複雑になるため、すぐには西陣に普及しなかった。

明治一〇年、織殿で学んだ西陣の大工の荒木小平（一八四三〜没年不詳）が木製のフランス式ジャカード機を完成させ、第一回内国勧業博覧会に出品した。明治一三年、この機械を西陣の佐々木清七が購入して実用化したことで、徐々に西陣へ普及していった。荒木はその後も洋式諸機を木製で製作し、西陣機業の近代化に貢献した。

また、バッタン機は、一七三三年にイギリスのジョン・ケイが発明した飛杼（とびひ）装置のことで、イギリス産業革命の発端となった機械である。それまで手で杼を投げていたのが、ひもを引いて杼を飛ばすことができ、製織の効率が向上する。杼を送り出す時、バッタン、バッタンという音がすることから名づけられたと伝わる。佐倉や井上が持ち帰ったものを模倣し、明治九年には長谷川政七が製作したバッタン機は、翌年に起こった西南戦争の軍服地の生産に活躍した。その後も広幅（洋服やショールなどの生地幅）や木綿織物の製造で広く使われるようになっていく（西陣の日事業協議会ジャガード渡来百年記念碑建立特別委員会編刊『ジャカード渡来百年記念誌』）。

維新期の友禅染

先に、明治五年（一八七二）における京都府の染織関連業者報告を表1として掲げたが（四二頁参照）、そこには、染色関係の項目では、「染物」「藍染」「紺屋」「鹿子絞、諸絞」「上絵、下絵彩色」「糊置」「板〆師」などがあがるものの、「友禅染」という項目がない。染織史では一七世紀後半から一八世紀前半、つまり江戸時代半ばの元禄から享保にかけて大流行したと語られ、博物館や美術館に収蔵される秀逸な小袖には「友禅染」とあるが、なぜ、明治初期の調査には登場しないのだろうか。

複雑な分業と種類

一つには、友禅染には多くの工程があり、分業で生産されるため、調査項目は工程ごとになっているのだろう。実際、「上絵、下絵彩色」「糊置」などの項目は、友禅染の工程である。もう一つには、友禅の業者数について考える必要があり、人数が少なければ、調査項目にあがらない可能性がある。

また、「友禅染」といっても、いくつかの種類があったらしい。幕末の風俗を描いた喜多川守貞『守貞謾稿』（天保八年〈一八三七〉起稿）には「友泉染」については、画くように染め、彩色をするのが

「友泉染」で、多色を使うのが「本友泉」、染めずに画を書くだけのものもあり、費用も本染で上等なものは金二両にも上ったとある（巻之十九〔織染〕）。なお、「ゆうぜん」は、江戸時代から友禅・祐善・友泉・友仙など多くの漢字が充てられている（宇佐美英機校訂『近世風俗志（守貞謾稿）』三）。

少ない友禅染専業者

このように幕末・維新期の友禅染専業者が少ないことから、江戸中期に流行した友禅染の流行は廃れていたことが想像される。近代の友禅染については、後年の文献になるが、昭和二年（一九二七）に刊行された『近代友禅史』（芸艸堂）があり、筆者の村上文芽（一八八〇～一九三〇、日出新聞記者・茶人・文筆家）はこの本の執筆に際して、多くの資料を収集し、ヒアリングを行っている。

そのなかで、初期の図案家といわれ、のちに友禅業を営んだ加藤哲之助が残した手記には、「友禅業を専業とする事はあまり古き事ではないと思ふ、余の推測では先づ慶応初年位かと記憶す、其以前彩色屋と云ひ、机上で模様を細工して染屋専門に廻し、今日の如く専門屋は無かった様に考ふ」（『近代友禅史』九頁）とある。友禅業を専業とするようになるのは古いことではなく、幕末の慶応期（一八六五～六八）の初年頃で、「彩色屋」といい、模様を描いて染専門業者に廻していた。また、「友禅染といへば主として縮緬を材料として、価格も高く需用の範囲も左程広くない。されば之を専業とする家も洵に尠かつた」（同前、八頁）ともあり、友禅染は縮緬を生地として用い、価格も高く、需要の範囲も広くなく、専業とする家も非常に少なかったという。

明治三、四年頃に初めて友禅染の有志団体ができ、その後、明治一一年頃には同業者も増え、友禅縮緬仕入の専門問屋も現れた。主な問屋として、西村總左衛門・林藤助・杉山作兵衛・廣岡伊兵衛・松宮

勘七・内田定兵衛・森田藤三郎・中孫兵衛・田中仁兵衛・森喜三郎・安田林吉、友禅職として山本清兵衛・北村甚七・鷲尾善兵衛・宮崎信夫・川嶋幸助・広瀬治助・北村甚助・源田萬助がいた（同前）。

ところで、友禅染の専業者が増える明治一一年頃、友禅縮緬仕入問屋の筆頭で登場していたのが、通称「千總」（千切屋總左衛門の略）と呼ばれた西村總左衛門であった。「千總」は現在も日本を代表するきもののトップブランドである。

千總の歴史

もともと西村家は藤原京の宮大工を遠祖とし、弘治元年（一五五五）に、法衣装束商として京都烏丸三条で創業したという。春日大社に威儀物の一つの、花を生ける千切台を納めていた故事から、「千切台」を商標とし、屋号を「千切屋」と称した。江戸時代に西村家は三家（千切屋治右衛門の「千治」、千切屋吉右衛門の「千吉」、「千總」）に別れ、御装束師として東本願寺をはじめ門跡家や宮家へ収めた（京都文化博物館学芸課編『千總コレクション　京の優雅―小袖と屏風―』）。

しかし九代總左衛門の時代、文政一〇年（一八二七）には、家屋敷（三条三倉町）を売って借金を返済しなければならないほど経営は厳しくなっていた。この九代に仕えたのが、大橋重助（一八一〇～七五）だった。糸屋弥兵衛の三男として生まれた重助は一一歳で奉公に入り、借金返済後は主人と下女二人、重助の四人となったが、翌年には九代が亡くなる。ただ、九代には後継ぎがなく、千切屋一門の治兵衛家から三歳の正五郎を一〇代として養子に迎え、商売は治兵衛家の別家（奉公人が認められて独立した形態）である千切屋専助に任せることが決まる。

その専助も天保一〇年（一八三九）、重助が三〇歳の時に亡くなり、まだ一〇代は幼く、重助が仕事全般を担うようになるが、さらに嘉永元年（一八四八）に一〇代も二三歳の若さで病死する。そのよう

図6　12代西村總左衛門
（株式会社千總提供）

な苦しい時代のなかで、重助は九代が売った家屋敷を取り戻し、再び治兵衛家の親戚から養子を迎えたが、一〇年余で養子は実家に戻り、万延元年（一八六〇）、ついに一一代總左衛門の名跡を五一歳で継ぐことになる（千總編『千總四六〇年の歴史』展覧会図録）。しかし、これは千切屋總左衛門という商売上のブランドを守るための方策だったようで、あくまでも重助は西村家を継承するため養子を探す。

一二代西村總左衛門と周囲の人々

激動の時代を乗り越えた西村家に明治五年、一八歳で養子に迎えられたのが、のちに一二代西村總左衛門となる三国直篤（一八五五～一九三五）だった（図6）。正式に直篤が家督を継ぎ、襲名するのは明治二四年である（前掲『千總四六〇年の歴史』、一般社団法人千總文化研究所「（一二代西村總左衛門）略年譜」）。その理由はよくわからないが、苦労して千總を継続した一一代や古参の店員たちへの配慮、さらに養子の早世や出戻りなどの経験から、拙速な襲名を避けたのかもしれない。

一二代は越前（福井県）出身で儒学者の三国幽眠（みくにゆうみん）（與吉郎、一八一〇～九六）の三男として生まれた。父の幽眠は加賀藩士の子として生まれ、天保三年に上洛、天保九年には、五摂家の一つ鷹司（たかつかさ）家の儒官となり、ペリー来航後は憂国の志士たちと交わり、国事に奔走し、捕えられて幽閉された。その後、慶応元年（一八六五）に本山興正寺（下京区七条上ル花園町）の家政総裁となり、剃度（ていど）して幽眠を名乗った。

直篤が西村家に入った経緯は定かではないが、幽眠が上洛後、衣棚二条、烏丸三条など染織関係業者が多かった町に住んでおり、彼らとの地縁や政治・文化・芸術など京都における広い人脈などを持っていたことが考えられよう。

しかし、直篤が養子に入って三年余、西村家と千總の継続に奔走した一一代（重助のち重右衛門）が明治八年に亡くなる。その後、一一代の次男・太（多）七が兄として西村家に入籍し、總右衛門を名乗った。当時の千總を支えていたのが、一一代の手代から番頭（支配人）となった斎藤宇兵衛（京都織物商・松山新助の次男、幼名直次郎、一八三六～一九〇六）だった。のちのパリ万国博（明治三三年）にも参加し、第五回内国勧業博覧会（明治三六年）では審査員も務めた一二代の片腕として活躍した（同前、田中竹次郎『後進之亀鑑』）。

期待される新しい染物と織物

明治一〇年代

友禅染の革新

京都画壇が描く下絵

明治六年（一八七三）に千總・西村家の養子となった三国直篤（のちの千總一二代）は、番頭の斎藤宇兵衛とともに、友禅染に革新を起こす。それは京都画壇重鎮の岸竹堂（一八二六〜九七）に、友禅下絵を描くことを依頼したことだった。当時の京都画壇について、一二代總左衛門（明治二四年に襲名）は次のように語っている。

当時竹堂翁も非常に困難して居られましたけれど、何分旧は有栖川家の家来で、帯刀していた人でムいますから、従来卑しい職工がやつてゐた下画を描くといふことは、世間体が恥かしく躊躇して居りましたが、段々説着て漸く承諾させ、其竹堂翁を「シン」とし、望月玉泉、今尾景年、其他歴々の画家を招請て、本画で下画を描て貰い、また、職工にも画を習はせました。それで友仙も従来定りきつてあつた拙劣い図様を一洗して、本画其まゝを染出したものでムいますから、成程千総の友仙は特別によい、友仙はあれでなければならんと、追々に他家でも模倣するようになり（後略）

（「西村總左衛門」黒田譲編刊『名家歴訪録』上、三〇四頁）

有名な画伯でも、明治六、七年頃には多くのパトロンを失い、生活が難しい状況にあった。それを目の当たりにし、気の毒という思いと画家の筆で友禅模様を一新したいという思いから、依頼を考えた。しかし、明治初期には、画家と友禅の下絵を描く職工との差は非常に大きく、職工の仕事だった下絵を画家が描くことは、世間体が悪いと思われていた。幕末の京都で育った直篤は、岸竹堂から絵画の手ほどきも受けており、当初、躊躇していた岸を説得した。岸が仕事を受けたことで、望月玉泉や今尾景年らの弟子たちも参入した。一二代の発案は、京都画壇がきものの図案と関わっていく端緒となり、その後も京都画壇ときもの業界との関係は深まり、広がっていく。一二代の幼い頃から培われた美意識が生きたのだろう。

なお、「図案」とは、明治時代の前半には美術工芸品や産業製品をつくるためのアイデアを描いた「下絵」のことをいったが、明治も半ばになると、下絵は「デザイン」とも呼ばれ、製品を決めるますます重要な要素となっていく（岡達也・加茂瑞穂編『近代京都と染織図案三　図案家の登場』後掲一二九頁）。

型友禅発明の諸説

明治の友禅染にはもう一つ、大きな革新があった。糊に化学染料を混ぜて染める「型友禅」の技法を確立したことだった。江戸中期から始まる友禅染は、図案を考え、下絵を描き、模様の輪郭に糸目糊を置き、色を挿していくという大変手間のかかる技法で、まさに白生地の縮緬に絵画を描くということから、「手描友禅」と呼ばれている。また、それまでの草木染では、染めるための色をつくることに大変手間がかかった。

それに対して、この新たな「型友禅」は、版画のように染める色の数だけ型紙を彫り、糊に近代以降に本格化する輸入の化学染料を混ぜて、生地に摺った図柄を定着させた。江戸時代にも型紙を使った染色技法として小紋染や摺染などがあったが、型友禅の技法が成功したことで、非常に高価だった友禅染のきものは、それまでより安価で量産が可能になっていく。この型友禅の技法は、型紙と色糊で図柄を生地に置いていくので、「写し友禅」「写し染」などとも呼ばれた。

この型友禅の始祖については、江戸時代中期に友禅染が創始された時と同様、いまだ十分に解明されていないが、①廣瀬治助説、②堀川新三郎説、③岡島千代造説などが有力である（貫秀高「広瀬治助と堀川新三郎」その1・その2）。①は絹地に、②は開国後に大量輸入されたモスリン（毛斯綸）地（動物の毛をよく梳いた梳毛糸を平織した織物）に型友禅の技法を用いて成功したとされている。②堀川新三郎については後述することとし（一四五頁参照）、③の岡島は大阪で活躍したため、今回は深入りせず、ここではまず、①廣瀬治助説を検討していこう。

廣瀬治助（備治）　廣瀬治助（一八二二～九〇、図7）は、文政五年（一八二二）に京都に生まれ、当時有力な友禅染屋だった備後屋へ奉公し、非凡な才能を認められ、養子となった。備後屋の治助ということから通称で「備治」と呼ばれ、手描友禅の名手として知られていた備治は、明治六、七年頃、大阪玉江橋南詰（現大阪市北区）にあった土井彦という工場でモスリン染に従事した。

明治五年頃から多くの業者がモスリンに着目するようになり、大阪では染工場が続出した。モスリンは江戸時代からオランダ船で輸入されていたが、開国以降、唐縮緬やメスリンとも呼ばれ、大量に輸入された。細く梳いた毛糸を使った薄地の梳毛織物で、当初は緋・紫・紺青・黄など一色染のモスリンが輸入されたが、やがて海外へ図案を送って友禅模様を染色したモスリンが大流行した。

備治は大阪でモスリン染を学んで京都に戻り、千總の専属工場に入って、挿友禅をやりながら、新しい友禅染、すなわち絹の縮緬地に応用することを考えたのだろう。舎密局に通い、ドイツから輸入した化学染料、特に洋紅の応用について学んだ。舎密局では明治八年に染殿（河原町通二条下ル入船町）を増設し、染殿ではドイツ人化学者ゴットフリード・ワグネル（後掲一三一頁参照）や欧州で学んだ農商務省勧業技師の中村喜一郎が西洋染色法を講義していた（横山信徳「廣瀬治助翁と寫染」）。

写し友禅の大成者

新しい友禅染を研究したものの、なかなか成果があがらず、大阪でモスリンの写し染に成功した堀川新三郎に明治一二年に教えを受け、備治が独立したのは明治一四年頃だったらしい（これらの年にも諸説ある）。この間、縮緬の染損じが大量にでき、千總支配人の斎藤宇兵衛や他の職人たちとの関係も難しくなっていく。そのため、備治は千總を出て自宅に友禅工場をつくり、写し染、とくに紅入写しに注力した（前掲「廣瀬治助翁と寫染」）。

図７　廣瀬治助画像

そのうちに備治の写し友禅を独占的に買い上げる問屋や販売する呉服店も現れた。備治の写し友禅は評判を呼び、明治二一年頃に二棟の工場（二四間と一三間）を建て、職人を五〇人ほど、丁稚も八、九人を雇うまでに急成長し、友禅業が盛況なのは千總か備治かといわれた。ただ、備治は奇行に富んだ職人気質の人物で経営には無頓着で、開業後わずか二年ほどで病死し、家業を継ぐ者もなく、忘れ去られていった（『近代友禅史』）。

初代舎密局局長を務めた明石博高の三男の明石染人（本名は国助、一八八七〜一九五九）によると、写しの技法を考案した人は他にもいたが、備治が洋紅を研究し、西洋の化学染料を使いこなして写し友禅を大成した、と父が評価していたという（同前）。染人は京都高等工芸学校（現京都工芸繊維大学）色染科を卒業後、同校助教授となり、大正九年（一九二〇）に鐘淵紡績株式会社に入社、山科工場長や本部織維部長などを経て、退職後、正倉院御物古裂調査委員などを務め『日本染織史』など多数の書籍を出版している（東京国立文化財研究所美術部編『日本美術年鑑』昭和三五年版）。

現在、千總では明治六年を発端とする京都画壇の画家たちが描いた図案を絹地に施した見本裂を所蔵し、その一部を一般社団法人千總文化研究所ホームページで公開している。それらを見ると、その後も次々に時代の流行を取り入れた新作を発表しており、型友禅はきものの染色技法として定着していったのだろう。ただ、千總で実際に型友禅の注文が増えるのは明治一六、七年頃からだった（神谷栄子「明治の型友禅」）。

千總の加茂川染と天鵞絨友禅

千總は明治初期の万国博覧会では刺繍を駆使した製品で受賞した（四五頁表2）が、写し染の技法で評価されるのは、明治一二年の第八回京都博覧会のことだった。「加茂川染」と題する作品を発表して進歩金牌を受賞し、翌年には京都府へ商標登録を届け出ている。受賞の際、槇村知事から送られた「鴨川紅影」の扁額が同社に保管されている。

千總は、「加茂川染」発表の前年の明治一一年に開催された第七回京都博覧会で、「天鵞絨友禅」を発表し、金牌有功賞を受賞した。そして、明治一三年の第九回京都博覧会で有功金牌、翌年の第二回内国勧業博覧会で進歩省賞第一等を受賞した。その後も、江戸時代から得意としていた刺繍に友禅染、さらに天鵞絨友禅などの技術を駆使して、外国人の嗜好に合う美術染色品、屏風や衝立などを多数製作した。

もともと天鵞絨地に友禅模様を染める技法は四世伊達弥助が発明したとされるが、斎藤とともに一二代は西洋建築の内装装飾用に改良した。ビロードは緯(よこ)糸に銅線を打ち込み、織り上げた後で銅線の上から生地を切り、開いて毛羽立ちをつくる。そのため、紋様を表わすことが難しく、織り上げた後で無地に染めていたが、千總では、銅線を残して紋様を染め、輪奈（銅線を抜いた後にできる輪状の空間）をそのまま使ったり、輪奈を切って毛を立たせたりして陰影をつくり、立体的に見せ、奥行きのある表現を生み出した（京都文化博物館学芸課編『千總コレクション　京の優雅―小袖と屏風―』）。

『興業意見』から見た京都織物業

農商務省は明治一七年（一八八四）、全国の物産状況を記した調査報告書『興業意見』を刊行した。この報告書から京都の染織業の状況を見ていこう。なお、この調査・報告書作成を主導したのは、農商務省大書記官の前田正名（一八五〇〜一九二一）だった。

重要物産「織物」　『興業意見』では、織物・陶器・漆器・紙・金属器の五種を、「重要物」と位置づけ、とくに分析している。製造物の産額としては清酒が五六七三万七九一二円で最も多く、織物は三三三七万六五八〇円で第二位、以下、製藍が六二四万八五二四円、紙が四八三万八七八八円、菜種油が三五四万九五七一円と続く。陶器（一一七万一七六一円）・漆器（一二二万五二五一円）・金属器（九八万七〇〇〇円）は少ないが、五種については明治一一〜一六年の輸出額が記載されている。輸出品として期待される製品を重要品としていたことがわかる。図8のように、五種のなかでも、「織物」は八割近くを占め、最重要品だった（「巻十二　国力一　重要物産」）。

「織物」の製造が顕著な府県は「第一埼玉、第二群馬、第三栃木、第四京都、第五愛知」（同前）と続く。埼玉は第一位だが、産出品は木綿もしくは普通絹布の類で、輸出に適さないと酷評し、日本の織物では群馬の桐生と京都の西陣(にしじん)が双璧だとする。桐生は輸出品に着目したのが最も早く、色や様式が多く、外国人の好みに適し、最近は巧みな絹綿交織品を製造しているが、西陣はおおむね優美高尚の製品で古格を守り、依然として変えず、日本風で新規を求めないという。それぞれ、日本の枢要の織物場なので、織物の改良はこの二か所より始めるべきで、蚕糸は日本の特産ではない、早く自ら蚕糸を製織して輸入を防ぎ、また、海外に輸出を図ることが重要だとする。

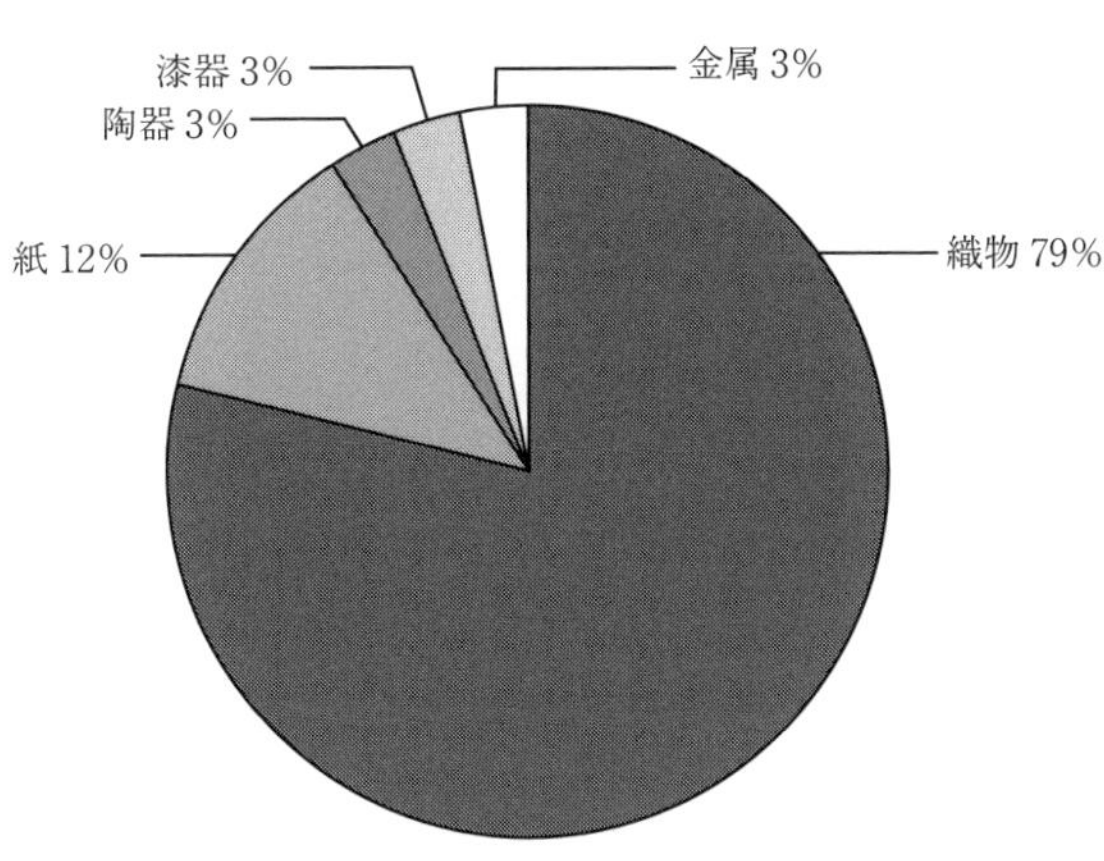

図８　織物・紙・陶器・漆器・金属の割合（平均）
（出典）　農商務省編『興業意見』巻12（大蔵省編『明治前期財政経済史料集成』18-2，明治文献資料刊行会，1964年，447頁）をもとに作成.

京都府は留学生の派遣、撚糸場や織殿などを設けたものの資金が十分ではなく、いまだ西陣の名を発揚できる機関になっていない、さらに紡織学校・紡織研究所・試験所・見本陳列所などを必要な施設としてあげている。一方、桐生は有志が協力して染物講習所を設ける企てがあると述べ、これらの実現には緊急の支援が必要だという（同前）。

輸入化学染料の問題

『興業意見』は京都府における確実な事業として、製造業では「西陣織物」「染物」「丹後縮緬」の三業をあげる（巻十六　地方二　畿内　京都府「西陣織物改良ノ事」）。この「染物」については「染法改良ノ事」という項目で、稲畑勝太郎、三田忠兵衛、高松長四郎ら留学帰国者が指導者になり、京都に大染工場を設置し、職工たちの技術を向上させることが、改良上、最も有効な方策として提案している。「染物」では西陣織物用の糸染が重視され、今日、京都の染物として最も知られている「友禅染」という言葉は、ここでも登場しない。当時の西陣織物や染色技術の問題は、左のように記述している。

（前略）西陣ハ主トシテ貴人縉紳ノ要ニ供スルヲ以テ目的トセシモノナレハ（中略）維新後服飾一変ノ今日ニ至リテ（中略）米価ノ騰貴ニ随テ農民ノ衣服一般高等ニ赴キ、為メニ一時ノ昌勢ヲ致シタルニ外ナラス、之ヲ以テ農家ノ経済収縮スルニ随テ絹布ノ販路モ亦次第ニ減少シ、其製造漸ク粗拙（ママ）ニ赴クノ傾向アリ
（巻十六　京都府「西陣織物業者ニ拘束法ヲ設クル事」七〜八頁）

西陣は高貴な人々に提供することを目的にしてきたが、明治維新後に服飾が一変し、米価が高騰したことで農民が高等な衣服を着るようになり、一時は西陣も勢いづくが、農家の経済が収縮するにつれて絹布の販路も減少し、製造が粗雑になる傾向にあるという。

その原因として主なものは、①アニリン染料を使って品質を傷つけていることを顧みていないこと、②こっそりと洋糸を交織して巧みに人を欺いていること、③西陣織の模造が起こっていること、④需要の増加に対応することができず、濫りに速成の方法にしたがっていること、の四点をあげ、治療ができなくなる前に早く止めることを訴える。

まず、輸入化学染料のアニリン染料使用による問題があがっており、染色法が大きな課題になっていたことがわかる。アニリン染料は石油から作られる合成染料で、多くの合成色を生み出し、着色のプロ

セスを早めるメリットがある一方、日光や水に弱かった。次に洋糸の交織問題は、日本の綿糸は太いが輸入綿糸は細く、これを当時高価だった生糸に混ぜて織り込んだのだろう。

さらに模造については、西陣の内部か、真似をする他産地の問題かわからない。最後の速成の問題は、維新後に需要が急増したために起こったが、生地に模様を生み出すジャカード機（自動紋織機）やバッタン機（飛杼装置付き機織機）など生産を促す機器の導入も一因になっていたのかもしれない。輸入の化学染料も機械もまだ十分に使いこなせていなかったのだろう。

期待される丹後ちりめん

『興業意見』のなかで、前田正名は、京都府において最も今後の成長を期待していたのは、西陣織物でも茶でも工芸でもなく、京都府北部の特産品の丹後ちりめんだという。丹後ちりめんは、江戸時代の中後期頃は地元の問屋から、幕末には藩を通じて京都問屋へ送られ販売され、その後、京都で染色される。京都市中との関係は深かった。

丹後は明治五年に、但馬と丹波とともに豊岡県になった。現在、福井県と鳥取県の間の日本海側には京都府と兵庫県が並ぶが、当時はそこに豊岡県があった。豊岡県は、明治六年のウィーン万国博覧会や、その三年後のフィラデルフィア国博覧会に峰山縮緬を出品し、一定の品質を有していた。しかし、明治九年に豊岡県は廃止され、丹後は京都府、但馬は兵庫県、丹波は東部を京都府、西部を兵庫県に編入された。

丹後ちりめんについては、『興業意見』では、以下のように述べられている。

> 丹後縮緬ハ維新後組合団結ノ法解ケ、各自其羈絆ヲ脱シテヨリ、目前ノ小利ニ眩惑シ粗製濫賣同業相傷ル等ノ弊害ナシトセス、又近来世上一般物価下落ノ為メニ停業スルモノ少ナカラス（中略）明

治十二三年ノ盛況ハ全ク一時農間暴富ノ影響タリシニ過キサル知ルヘキナリ、決シテ衰運ニ傾キシニハアラス、故ニ此業ハ将来益々増殖改良ノ望アルモノニシテ、当業者モ亦最モ多年ノ経験ニ富メルモノナリ（巻十六　京都府「丹後縮緬ヲ改良シ及ヒ其増殖ヲ計ル事」八〜九頁）

明治維新以後、同業者仲間に制約が解けると、各自が目先の少ない利益に惑わされて粗製濫売となり、お互い傷つけあう弊害がないとはいえず、また、最近は一般に物価が下落し、機織を停めているものも少なくない、確かに明治一二、三年の盛況は一時的に農民が急激に富んだためだったが、決して衰運に傾いたのではない、と分析する。

そして、ちりめん業は将来ますます増産や改良の望みがあり、業者たちも長年の経験に富んでいると、今後の発展を期待している。なお、史料中の盛況とは、西南戦争（明治一〇年）の戦費を調達するために起っていたインフレーションのことで、最近の物価の下落とは、松方デフレの影響によるものだろう（後掲七三頁）。

さらに『興業意見』はこのあと、今後一〇年間で二倍に近い増産を目標にあげている（「重要物産中自今十年間ニ其産額品位及ヒ価額ノ増進ヲナスヘキ歩合」〈巻十六　京都府、二五頁〉）。西陣織物の近代技術導入による混乱について厳しく批判しているのとは対照的に、白生地で汎用性のある丹後ちりめんには大きな成長が期待された。

粗製濫造問題と西陣

このように明治維新後の西陣や丹後の課題は、江戸時代にあった仲間（組合）の縛りがなくなり、西洋技術の導入による混乱もあるなかで、農民たちの衣服も自由化されたことで、安価な製品でも売れるため、粗製濫造が起こっていた。しかし、それは、当時、最も外貨を稼いでいた生糸よりも付加価値の高い織物の輸出を模索していた政府や農商務省にとっては対外的な評価や信用を落とす重大な問題だった。

西陣では、明治二年に、専門とする織物ごとの一八社によって「西陣物産会社」が設立されていたが（前掲四七頁）、明治八年頃には結束が弛緩し、粗製濫造問題には対処できないままだった。そのため明治一〇年には、京都府が新たに府令第二三〇号を以って「西陣織物会所」の設立を布達した。粗製濫造を防止し、信用を回復することを目的とし、これまでの西陣物産会社を廃止して新たに組合を開設し、製品検査と証紙貼用（証紙を張る作業）、職工や仲買商の免許制度を組合に申し付けた。だが、織物会所の取締役のうち、仲買商は織物検査や証紙張用の必要性を認めず、明治一五年一月には会所の役員組織が崩壊、機能不全となった（前田達三編『西陣織物館記』）。

前年には、西南戦争の戦費を調達するために起ったインフレーションを解消すべく、大蔵卿松方正義（まつかたまさよし）が緊縮政策を実施し（松方デフレ）、不景気に突入していた。濫発されていた太政官札など信用の低い不換紙幣を回収し、明治一五年には日本銀行を設立し、銀本位制の導入を目指した。このデフレ政策によって、繭や米などの農産物価格が下落し、西陣でも景気が悪化していた（同前『西陣織物館記』）。

明治一五年一一月、京都商工会議所会長の高木文平は、三代京都府知事の北垣国道（きたがきくにみち）に、「商工組合設立ヲ請フ建議」を提出する。しかし、この建議では卸売商や親方・棟梁など有力者の地位を保全する、いわば株仲間の揺り戻しに似た組合が想定されていた。

これに対して、北垣知事は明治一六年四月、上京・下京両区に居住し、商業や工業を営む者は申し合わせて組合を設けて規約を定め、京都府に認可を受けること求めた京都府令甲第十九号を発令した。商業と工業の業者を分け、商業では西陣諸織物商・丹後縮緬商・関東織物商のほか四九種、工業では織物業・藍染業のほか二五種の業者が対象となった。商工会議所の建議のように一部を対象とした組合ではなく、同業者全員が加入する組合の結成を求めた（藤田貞一郎『近代日本同業組合史論』）。全員加入の組合の結成はなかなか進まなかったが、西陣では同年七月に「西陣織物同業組合」を結成したことが、記録は残っていないものの、伝わっている（同前『西陣織物館記』）。

同業組合準則の発令

農商務省は京都での動きを見て、『興業意見』を刊行した明治一七年一一月、営業上の福利を増進し、濫悪の弊害を矯正することを目的とした同業組合準則（農商務省令第三七号）を発令した。この同業組合の設立には、地区内同業者の四分の三以上の同意で規約をつくり、認可を受ける必要があった。翌一八年四月、京都府は、この農商務省令とほぼ同様の同業組合準則を、京都府布達甲第五〇号として公布した。

これを受けて西陣産地では同年一〇月、織物製造業者が「西陣織物業組合」を設立する。その規約は九章（全六五条）に及んだ。組合には紋織（もんおり）・生紋・羽二重（はぶたえ）・繻子（しゅす）・縮緬・博多・天鵞絨・木綿の八部があり、組合員は組合が発行する証紙の貼付、粗製濫造や低下価格競争の防止、仲買人の不当な値引きの通告、毎月の製造品と販売品の報告などが求められた（同前『西陣織物館記』）。このような産地の組織化の動きは、丹後産地や京都の染色業者にも見られ、全国的に広がっていく（佐々木信三郎『西陣史』）。

明治一〇年代も終わりに近づき、やっと江戸時代から続く地方の産業に対する国の方針が固まっていく。

皇后の洋装化と京都

鹿鳴館と皇后の洋装化

明治維新後、役人や職業人の男性には洋装の服制が敷かれたことは先に述べたが、明治政府では、江戸幕府が結んだ不平等条約の改正のため、外務卿の井上馨（いのうえかおる）が欧化政策を進めていく。欧米風の社交施設を造り、文明国であることを外国人に示そうと、お雇い外国人ジョサイア・コンドルが設計した鹿鳴館が明治一六年（一八八三）七月に落成した。一一月には国賓や外交官などを招待し、落成の祝宴が開かれた。ここには日本側もバッスル・スタイル（スカートの後ろを膨らませた形）のイヴニングドレスを着た高官の妻や娘が登場した。以後、明治二〇年九月に井上馨が失脚するまでの時期は「鹿鳴館時代」と呼ばれ、欧化政策が進んでいく。

この間、明治一七年三月に伊藤博文（いとうひろぶみ）が宮内卿に就任すると、九月には女性勅任官と勅任官夫人に必要に応じて洋服の着用を推奨した。翌年一二月に内閣制度が実施されると、伊藤は内閣総理大臣となったが、宮中女官の反対を受けて進まず、女官の俸給を上げて関係を構築し、洋服着用の必要を説いた（刑部芳則『洋装の日本史』）。明治一九年六月、天皇は皇后の洋服着用を許可し、七月の華族女学校への行

啓で美子（はるこ）皇后は初めて洋服姿で登場した。さらに伊藤は皇后の大礼服（たいれいふく）（最高の礼服）をドイツへ注文し、明治二〇年一月一日の新年式で、皇后は初めて洋式大礼服を着用した（図９）。

この月、皇后自ら「婦女服制のことに付て皇后陛下思食書」（以下、「思食書」）で、古代より日本の女性の服装は衣（きもの）と裳（腰から下にまとう衣服）に分かれており、南北朝の動乱で裳を用いなくなったが、洋服が衣と裳を具（そな）えていることは我が国と同じだと表明した。洋服の着用は西洋に取り込まれたものではなく、復古の理論が示された。それと同時に、女性の洋服は男性よりも高価なため、国産生地の使用を奨励した。

図９　洋服姿の昭憲皇太后画像（東京国立博物館所蔵，出典：ColBase）

京都西陣への発注

この「思食書」を受けて、明治二〇年三月一三日付『大阪朝日新聞』に、京都の小林綾造（こばやしあやぞう）が皇后の洋服地の調進をはじめ、典侍（てんじ）（宮中女官の最高位）の洋服地の織り立てなどを命じられ、皇后の洋服地は焦げ茶色の紙子（かみこ）織（おり）で、雲鶴と菊唐草の模様を織り表すもの、ということが報じられた。紙子織とは、和紙にこんにゃく糊を塗り、柿渋を引いて、乾燥させて揉み、露にさらして渋の匂いを除いた紙子を作り、それを極細く裁断した緯糸で織り上げる技法である。和紙というと安価に思われるかもしれないが、今日でも、西陣織の高級な帯は漆を糊として金箔や銀箔を張った和紙を極細に裁断した緯糸を用いる。なお、経糸（たて）には絹糸を使う。

小林は元御寮織物司（ごりょうおりものつかさ）六家（維新期には五家）のなかでこの時点では唯一生き残り、維新後も宮内省の用命で天皇・皇后をはじめとする宮中の衣服を制作してきた（前掲四九頁）。さらに後述するように、小林は明治宮殿の室内装飾織物も担当しており、洋服地を織ることができる幅の広い織機を持っていたのだろう。ただ、雲鶴と菊唐草は日本の伝統的な和服の模様で、小林には、織る技術よりも、洋服に合うデザインが難しかったのだろう。

小林の新聞報道から一か月半後の四月末に、宮内省顧問として内閣総理大臣伊藤博文に招聘されたプロイセン皇室侍従長オットマール・フォン・モールが来日した。彼は元皇室女官の妻ヴェンダや家族とともに来日し、宮中儀礼の西洋化を進める。モールは宮中に勤務した二年間の記録を残している。夫妻はこの年の七月から関西へ旅行し、八月には皇后の織物づくりに携わる京都の工場を見学している。皇后の御召物のデッサンや色彩の選択について、製造業者たちは夫妻の助言を喜んで受け入れたという（オットマール・フォン・モール『ドイツ貴族の明治宮廷記』）。

具体的な工場名は書かれていないが、「多くの工場」とあり、小林以外にも受注した人物はいたのだろう。ジャカード機をいち早く西陣へ導入した佐々木清七（一八四四～一九〇八）もその一人だろう。一般財団法人西陣織物館には、明治一九年から二一年に宮内省へ納入した婦人洋服地六点を含む裂帖が保管されている（明治神宮ミュージアム『受け継がれし明治のドレス』展覧会図録）。

皇后の国産大礼服

令和六年（二〇二四）三月、京都の尼門跡寺院の大聖寺に保管されていた美子皇后（のち昭憲皇太后）の大礼服（マント・ド・クール）が修復され、明治神宮ミュージアムで公開された。今回の修復で、ドレスが皇后の第二号大礼服で、初の国産品だったことが明らかになった。この「昭憲皇太后大礼服研究修復復元プロジェクト」事業は、平成三〇年（二〇一八）から、中世日本研究所・明治神宮国際神道文化研究所などを中心に、国内外の服飾研究者や修復の専門家によって、綿密な研究に基づき約五年をかけてトレイン（引き裾）の裂地の補修、金属刺繡の修理などが行われた（前掲『受け継がれし明治のドレス』）。

この皇后の第二号大礼服の生地を織ったのが小林綾造で、明治二一年一月に完成したという（松居宏枝「昭憲皇太后の最初の国産洋装大礼服」国際日本文化研究センター『日本研究』六八）。確かに小林が出版した『錦綾帖』第一号錦之部（明治二二年六月）には、明治二一年と二二年に「皇后宮陛下　御召洋服大礼服地をも金モール付にて同所に於て拝調せり」と、皇后の洋服地や大礼服地を制作したことが書かれており、実際の国産大礼服にも、紋織地に金モールの刺繡が施されている。

洋服地制作の苦労

また、『錦綾帖』には、自作した多数の洋服地の写真が収録され、「未だ何等の功績あるにあらず、其意匠其気韻に至りては原より各有力者、当実業家の考案に譲らざるを得ず」とあり、まだ実績がないので、デザインや格調の高さなどは、他の人たちの考案に寄らざるを得なかったという。

宮内省顧問のモールは具体的な名前をあげていないが、大輪の花を咲かせたような模様の日本の布地は、パーティー用ドレス地としては華美で色が派手すぎて洋服地には向かず、京都で皇室用の布地を織る工房の模範となる生地を、妻ヴェンダがベルリンのゲルゾン商会に送らせたと述べている。これらのなかから関心を寄せる宮中女官とヴェンダが話し合いを重ね、見本を確立して発注すると、京都の工房は専門家の目もうっとりさせる素晴らしい生地を織り上げたという（前掲『ドイツ貴族の明治宮廷記』）。

この生地のことかは不明だが、明治二一年一〇月三〇日の『東京日日新聞』には「小林綾造氏に織物の御用仰付けられたるが、其出来上りたるを見るに実に結構なる品にて、里昂の織物に聊か劣る所なき程に見事なり」とあり、リヨンの織物にも劣らないほど見事だと称えている。

再度、フランスへ留学生を派遣

このように皇后や宮中女官たちの洋服地が京都へ発注された背景には、前章「維新期の西陣」の節で見たように、京都府が勧業政策のもとで全国に先駆けて洋式染織法に取り組んできたことがあった。先述したように、まず、明治五年に京都府からフランスへ佐倉常七・井上伊兵衛・吉田忠七の三人の留学生を送り出し、彼らはジャカード機やバッタンなどの洋式機械を持ち帰った。この留学の道筋をつけたのは京都府仏学校（フランス式洋学校）のお雇い教師レオン・ジュリー（一八二二〜九一）であった。

明治一〇年、レオンは高齢のため帰国することになり、帰国前、京都府に対し、「工芸都市」京都は「産業都市」リヨンから学ぶべし、そのため再び、フランスへ留学生を派遣し、自らの監督指導のもとで新技術を習得させたいと進言した。今回の留学では、西洋の染織技術を取得して実際に国内生産に生かし、指導できる人材養成に重点が置かれた。

これを受け、第二代京都府知事槇村正直は、再度の留学生派遣を決める。槇村は、ともに京都府の初期勧業政策を牽引した勧業課の明石博高に、八人の留学生を選抜させた。各人の適正に応じて、近藤徳太郎（織物）・稲畑勝太郎（染色）・歌原重三郎（鉱山）・佐藤友太郎（陶器）・今西直次郎（製糸・撚糸）・中西米三郎（機械）・横田萬寿之助（製麻）・横田重一（絵画・図案）と学ぶ分野を決め、彼らはレオンとともに出発し、明治一一年一月、マルセイユに到着し、フランス語を学んだのち、専攻に応じた地へ向かった。

近藤徳太郎と稲畑勝太郎

織物を専攻した近藤徳太郎（一八五六～一九二〇）は、京都市中心部にある華道「池坊」の家元、六角堂（天台宗紫雲山頂法寺）で家元案内人を務めていた父と、下京の染色業の家に育った母との間に生まれた。地元の下京第四番小学校を優秀な成績で卒業し、京都府から選ばれて京都中学校へ官費で入学、その後、京都府仏学校へ移り、レオン・ジュリーに学んだ。彼の推薦もあったのだろう。近藤は明治一一年一二月、リヨンの織物学校に入学し、明治一三年からリヨン市内の織物工場を回り、イタリアやスイスなどの工場見学と実習を積んだ。繊維・織物の理論をはじめ、撚糸・紡績・製織と広い技術を取得して、明治一五年五月に帰国し、織殿で洋式機織法を教授する（日下部高明『京都、リヨン、そして足利』）。

また、染色を専攻した稲畑勝太郎（一八六二～一九三八）は、烏丸御池の菓子屋に生まれた。四歳の時、実家の菓子屋は三条大橋東入る西海入町へ移り、下京第八区粟田学校へ入学する。明治五年、勝太郎が一一歳の時、明治天皇が中国・九州を巡行した時に京都へ寄り、府下の優秀な小学生を召されたため、御前で誦読（書物などを読み上げること）した。明治九年、一五歳の時には新設された京都府師範学校へ入学し、翌年、フランス留学生に選抜された。稲畑はサン・シャール学塾でフランス語を学び、明治一二年からヴュル・フランシュ工業学校予備校、アルチニエール工業学校で学んだのち、マルナス染工場の徒弟となり、三年間、修業した。その後、リオン大学で応用化学を専攻し、明治一八年五月に帰国した（高梨光司編『稲畑勝太郎君伝』年譜）。二人の活躍は、この後、順次述べていく。

なお、京都府からの留学生は、明治初年には西陣を中心とする織物機械の技術が先行したが、染色技術については稲畑から本格化し、明治一三年八月にはさらに、ドイツへ三田忠兵衛と高松長四郎を送った。彼らは帰国後、織殿や染殿で教え、業界の人々とともに「染物業集談会」を組織する。明治一九年には京都染工講習所が設置され、さらなる向上を目指した（後掲一三〇頁、京都近代染織技術発達史編纂委員会著作・監修『京都近代染織技術発達史』）。

官営の織殿と民間の動き

とくに留学生の帰国を待ち望んでいたのは、京都府が運営した織殿（明治八年に「織工場」を設置、明治一〇年に「織殿」と改称。前掲四一頁）だった。織殿の運営は厳しく、明治一三年に一度、民間へ払い下げられたが、それでも経営は振るわなかった。そのため第三代京都府知事の北垣国道（一八三六～一九一六）は、再び京都府に戻した。明治一五年五月、フランス留学で幅広い洋式技術を習得した近藤徳太郎が帰国すると、北垣は「京都府織殿織工事業担当」を命じ、さらに一七年二月には近藤を織殿長に任命して指揮にあたらせた（前澤輝政『近藤徳太郎織物教育の先覚者』）。

織殿では、再建される明治宮殿の室内装飾織物の発注を受け（後掲八九頁）、明治一九年にはリヨンから新たに汽織機（蒸気で動く織機）を導入、フランス人お雇い外国人チーエルの指揮で、宮殿用織物の製織をはじめ、伊藤博文・井上馨・松方正義ら諸大臣からも多数の注文を受けた（『ジャカード渡来記念百年誌』『京都織物株式会社五十年史』）。

一方、西陣産地の機業家のなかからも、小規模な家内工業から脱し、新しい織物に挑戦しようという動きも見られた。明治一五年、林源助・田畑武兵衛・中路萬助・永井喜七・安本総七らが、資本金五〇〇〇円で「西陣共進織物会社」を設立し、翌年に京都授産場跡地の払い下げを受け、南京繻子の製造を始めた。織機については、役員の永井が改良した飛杼装置のついたバッタン機を利用し、能率を図った。さらに外国から蒸気機関を使用する力織機（動力織機）も購入し、安本が図解説明書を唯一の手掛かりに、苦心の末、組み立てたが、会社経営の未熟さから、上手く力織機を活用できなかった。

結局、西陣共進織物会社は閉鎖となり、明治一八年には林の単独経営となったが、二三年には大阪の福永良造へ力織機を移した（佐々木信三郎『西陣史』）。明治一〇年代には、まだ民間では工場制による工業化は難しかった。工場制工業化の実現・継続を最初に成功させるのは、後述するように、明治二〇年になって、京都の有力実業家たちが、京都府から織殿の払い下げを受けて設立した京都織物株式会社だった（後掲九〇頁）。

機械織物か、美術織物か

明治二〇年代

明治宮殿室内装飾織物への挑戦

本格化する挑戦

開国から明治維新と矢継ぎ早に政治・経済・社会の変革が進み、明治前半期は一気に流入した海外からの情報に翻弄された時代だった。明治初年の京都府では、奠都などによって衰退した産業を振興するため、勧業場を開設し、そのなかの舎密局には織殿・染殿を設置した。欧州へ留学生が派遣され、織物業では西陣織に、ジャカード機（自動紋織機）やバッタン機（飛杼装置付き機織機）が導入され始めた。そして、明治一〇年代（一八七七〜八六）には西陣産地でも工場制工業化への試行と挫折が見られた。

また、染物では、明治初期には近代になって本格化する輸入化学染料の取り扱いをめぐって業界が混乱したが、明治一〇年代になると、型紙と化学染料を使った新しい染め方の「型友禅」が多くの職人の尽力によって大成されつつあった。

そして、本章で見ていく明治二〇年代（一八八七〜九六）には、高度な美術織物はもとより、機械化された工場で生産される機械織物など新しい染織品が生み出される。さらに、先に紹介した千總は、明治二〇年に店舗を内国方（国内部）と外国部（貿易部）に分け、刺繡や天鵞絨友禅を駆使した絵画や屏風・衝立など美術織物を中心に、海外貿易にも乗り出していく（京都文化博物館学芸課編『千總コレクション　京の優雅―小袖と屏風―』）。

明治宮殿の建設

明治二二年（一八八九）二月に大日本帝国憲法が発布された。発布式が挙行された明治宮殿正殿は前年の二一年一〇月に竣工した。明治六年に失火がもとで皇居（旧江戸城西の丸御殿）が焼失したため、翌年から再建が予定されたが、西南戦争の戦費などの財政負担から延期された。戦争終結二年後の明治一二年に建設が再発令され、表向宮殿（正殿・豊明殿）は工部省営繕局が担当して西洋建築に、奥向宮殿（奥御座所・皇后宮御座所）は宮内省内匠寮が担当して日本建築にすることが決まる。明治一五年には、太政大臣三条実美を総裁とする皇居造営事務局が設置され、翌年に皇居御造営事務局と改称した。

さらに一七年四月一二日には、宮内省が外局として皇居御造営事務局を直轄することになり、一四日の明治天皇の勅裁を経て、一七日に地鎮祭を行って着工した。この組織の変遷の背景には和風と洋風の対立、宮内省と工部省との軋轢、予算の事情などがあった。明治宮殿正殿は、当初のジョサイア・コンドル設計による石造りの計画から、京都御所をモデルとした木造建築で和風の外観に洋風の内部という和洋折衷となった（工学会編『明治工業史　建築篇』、中島卯三郎『皇城』）。

国産織物の使用を要望

この頃、西陣織物業者の二代川島甚兵衛（一八五三～一九一〇、後掲九九頁）は御造営事務局に対し、内装を外国へ発注すれば、ますます輸入織物の需要が増加して、国内の業者が圧倒されること、西陣織物の技術は西洋織物に劣らないため、西陣の織物業者への発注を命じられることを陳情した。二代甚兵衛は、個人的な要望というより、明治一四年から京都市会議員を務めており、当時、評判を落としていた西陣全体の再生を願っていた。

すぐには聞き入れられなかったが、宮殿が着工される明治一七年には、御造営事務局は京都府に対し、御用織物取り調べの参考に専門家の上京を命じた。京都府は織殿長の近藤徳太郎（こんどうとくたろう）の上京を命じ、二代川島甚兵衛にも同行するよう勧告した。近藤はしばしば宮殿装飾織物の諮問に答申し、また、二代甚兵衛は門外不出の織物見本を携え、閲覧した新宮殿の図案に応じた室内装飾案を提出すると、さらに綿密な調書と見積書が求められた（橋本五雄『恩輝軒主人小伝』、前澤輝政『近藤徳太郎　織物教育の先覚者』）。このような動きを受けて、宮殿の内壁や装飾絵画などにすべて国産織物が使用されることになっていく（京都織物株式会社編『京都織物株式会社全史』）。

室内装飾織物に関わった人々

明治一八年には、織殿長の近藤徳太郎が農商務省御用掛兼務となり、皇居造営に携わることになった。なお、この年、内閣制度の発足とともに工部省は廃止となり、逓信省と農商務省に統合された。それに伴い、内装織物は農商務省の担当になる。

また、翌一九年には染料と染色技術を研究するためフランスへ留学し、前年に帰国して織殿雇となっていた稲畑勝太郎（いなばたかつたろう）（京都府勧業課御用掛）が、宮内省より宮殿向装飾品取調を命じられた（前掲『近藤徳太郎　織物教育の先覚者』、高梨光司編『稲畑勝太郎君伝』年譜）。

明治一九年三月にドイツ公使として赴任する品川弥二郎（しながわやじろう）に誘われ、欧州の建築物の内装織物を調べていた二代川島甚兵衛も、翌年九月に御造営織物納入の特命を受けた（『川島織物三十五年史』年表、『川島織物創業145年から163年（会社合併）までの歴史』）。

明治宮殿の室内織物は、明治二五年に作成された「皇居御造営誌（家具装置事業）」によると、御造営事務局取調専務を嘱託された農商務省技師の荒川新一郎が中心となり、京都府では織殿近藤徳太郎・小林綾造・川島甚兵衛・飯田新七、東京製織会社の曽根嘉兵衛・羽野喜助、群馬県では桐生の青木熊太郎らに、欧州製に模擬した錦・繍・綾・羅を織らせたとある（野中和夫『皇居明治宮殿の室内装飾』）。

このように、京都からは織殿近藤徳太郎、二代川島甚兵衛、四代飯田新七（髙島屋）、小林綾造を通じて室内織物を納めたが、多くの京都の業者が協力した。正殿（謁見所）を川島・小林・飯田・内貴が、豊明殿（饗宴所）を小林・飯田・内貴が担当した（前掲『皇城』）。なお、内貴は、織殿を払い下げて設立された京都織物株式会社社長である（後掲九〇頁）。

小林綾造については皇后の洋服地制作で述べたが（前掲七七頁）、同じく明治二〇年からは内務省の用命で、伊勢神宮正殿用の錦や綾唐織などを、東京小石川の別邸に織場を設けて織り出す（『錦綾帖』）。皇后の洋服地、伊勢神宮の御用、明治宮殿の室内装飾の三つのビックプロジェクトに携わり、『錦綾帖』を出版した明治二〇年代前半が小林の絶頂期で、その後、事業に失敗し、表舞台から消えていった（「小林綾造寸描」）。

このほかに千總も京都の美術工芸家の総代理人となり、室内調度品の調整に関する契約を東京の高級家具製造業者の杉田幸五郎と結んでいる（前掲「略年譜」、『皇居明治宮殿の室内装飾』）。

大規模機械工場の登場──京都織物株式会社

織殿から京都織物株式会社へ

前節の最後に、明治宮殿の室内装飾織物に関わった四者のうち、小林綾造について触れたが、以下、京都織物株式会社、川島甚兵衛、飯田新七についても順に述べることにしたい。本節では京都織物株式会社について見ていく。ここでは、注記のない限り、主に京都織物株式会社編『京都織物株式会社五十年史』を史料とした。

先述したように、当時、国内で洋式工場による製織の先端を走っていたのが織殿だった。そのため明治宮殿の室内装飾織物制作について、明治一八年（一八八五）には織殿長に下命があったことを耳にした京都の一部の人々から、織殿を払い下げて民営化し、新宮殿に対応しようという動きが出てきた（京都織物株式会社編『京都織物株式会社全史』）。

一方、第三代京都府知事の北垣国道（きたがきくにみち）は、国家産業のためには民間での模範的大規模工場設立が必要と考えていた。当時、北垣は京都の近代化に必要な電力・工業用水・飲料水などを確保するため、明治一四年から琵琶湖疎水の建設に着手していた。

そこで、まず北垣は、東京の有力者の渋沢栄一・大倉喜八郎・益田孝（三井物産初代社長）ら、そして、京都の有力者田中源太郎（京都株式取引所・京都商工銀行等頭取、のち衆議院議員）・浜岡光哲（関西貿易合資会社等社長、のち衆議院・貴族院議員）・内貴甚三郎（初代京都市長、京都商工会議所会頭、のち衆議院議員）らに、模範的大工場を設立するよう勧めた。この構想を後押ししたのは、農商務省技師で皇居御造営局技師を兼任した荒川新一郎だった。

明治一九年一二月、京都織物会社の創立発起人会が開かれ、東京からは渋沢・大倉が、大阪からは熊谷辰太郎、京都からは浜岡・内貴をはじめ、西村治兵衛（「千治」、千切屋治兵衛）・市田理八（株式会社京都商工銀行取締役）ら二六氏、農商務省の荒川が出席した。翌年一月には創立事務所が三条烏丸に設置された。

この動きが京都の染織関係業者を刺激し、二月には西村治兵衛・小泉新兵衛・市田理八ら二二人が、資本金一〇万円で京都染物会社の設立を発起し、その株が売り出され、申し込みは株数の八〇倍にも達した。また、同じ月には、内貴甚三郎・中村忠兵衛らも資本金一〇万円で京都撚糸会社を発起した。

京都織物株式会社の設立

京都織物株式会社の創立準備を進めるうち、染色と撚糸は織物と密接に関連し、京都染物会社と京都撚糸会社の発起人は、京都織物会社の関係者が中心になっているので、三社は合併すべしとの意見が出された。協議の結果、京都織物株式会社が三五万円、京都染物会社が一〇万円、京都撚糸会社が五万円を持ち寄り、資本金五〇万円で、明治二〇年二月二七日、創立願書を北垣知事に提出した（図10）。発起人総代には、田中源太郎・浜岡光哲・内貴甚三郎ら一三人が名を連ねた。その創立趣意書には、

図10　京都織物株式会社

我国主要ノ物産ニシテ広ク海外ノ需要ニ応スルモノハ生糸ヲ以テ第一トス。然レトモ其性質尚ホ半製品タルヲ免レサルヲ以テ、更ニ一歩ヲ進メ、之ニ精巧ヲ加ヘ、撚リテ姿質ヲ整ヘ染メテ彩色ヲ成シ織リテ絹布トナサハ其価格生糸ニ倍蓰スルヲ得ヘシ。（中略）会社創設ニ要用ナルハ、西式ノ織物法撚糸法染色術ニ習熟シタル専業ノ人ヲ得ルニ有リテ、其適任タル人ハ此ノ地ニ在ルヲ以テ今京都府下ヲ会社創業ノ地ト定メ、（中略）同志者ノ賛成ヲ仰ク　（『京都織物株式会社五十年史』二〇頁）

とある。生糸が海外の需要に一番応じているが、それは半製品なので、さらに一歩進めて手を加え、生糸を撚って整え、染色して織った絹布にしたら、価格は生糸の数倍となるだろう、その会社創設に必要なのは、西洋式の織物法・撚糸法・染色術に熟知した人材で、適任者がいる京都を創業の地と決め、同志の賛成を仰ぐ、とある。

その組織要項には、①本社は西洋式の機械、および製法を用い、汽力（蒸気力）と人力で純絹織物と絹綿交織物を生産することを目的とし、②製品は最初に内地（国内）から販売し、だんだんと輸出すること、③工場は染色部・織物部・整理部とすること、とした。そして、織物部で生産品は蒸気力による機械織と人力による手織に分かれ、前者で無地織物（裏地・繻子地・傘地・羽二重地・首巻地・リボン地など）、後者では紋織物（家具装飾物・衣裳用各種紋織物）を製織し、染色部・整理部では社内だけでなく、社外の要望にも応えることが明記された。

織殿の払い下げと仮営業開始

明治二〇年五月五日に、京都織物株式会社の創立期が認許されると、一九日には織殿の地所・建物・機械等の払い下げ願書を知事に提出した。

六月二二日には京都商工会議所で、認許後、初の株主総会が開催された。京都から内貴甚三郎・田中源太郎・浜岡光哲・渡部伊之助・熊谷辰太郎を委員に、東京から渋沢栄一・大倉喜八郎・益田孝を相談役に選出し、委員の互選で内貴が委員長に就任した。七月一〇日の委員会では、織殿の技術指導者を受け継ぎ、織物部技師長には織殿長の近藤徳太郎が、染物技師長には稲畑勝太郎が、整理部技師長には高松長四郎が選任された。

七月一日には地所・建物が一万円、諸機械が一万円の計二万円と予定通りの金額で払い下げが決定した。翌日には会社事務所を織殿内に移した。

八月一日には織殿より引き継いだ職工を雇い入れ、河原町工場として仮営業を開始した。織殿時代は主に高官の注文品を製織していたが、払い下げられて京都織物株式会社になると、皇居造営に伴う装飾織物を引き継いで窓掛や繻子地などを製造するだけでなく、一般の注文も引き受けるようになった。

さらに八月四日には、織殿の払い下げに加え、後述する本格的な大規模工場と設置する機械の購入や染織業界を視察するため、浜岡が近藤・稲畑・高松の技術者を伴い、欧米視察へ向かった。

創業当初の株式と資産

創業当初の京都織物株式会社の実情を、第一回考課状（営業報告書・明治二一年六月末）から探ってみよう。株式数は三〇〇五株、株主は二五八人で、上位から渋沢栄一（東京・四〇〇株）・西邑虎四郎（にしむらとらしろう）（三井銀行創業者、東京・三八〇株）・今村清之助（いまむらせいのすけ）（鉄道家、東京・二八〇株）・大倉喜八郎（実業家、東京・二八〇株）・三木安三郎（第一国立銀行京都支店、京都・二〇四株）・益田孝（東京・二〇〇株）・尾崎半兵衛（京都・二〇〇株）・渡邊浅七（京都・二〇〇株）・内貴甚三郎（京都・一九五株）・西村治兵衛（京都・一九五株）が並び、大株主には東京人が名前を連ねた。また、役員・社員が二〇人、職工が六六人（男三三・女二九）だった。

なお、「資産負債計算」表（明治二一年六月末）によると、資産二億五四〇五万二九七九円、負債二億五〇三〇万四六〇〇円、純益三七四万八三七九円になっている。資産のうち、外国で購入した機械代金・洋行旅費・建築費仮払の項目が一億七七一万七五六円で、四割以上を占めた。織殿払い下げ・修繕費が二一〇八万八七一〇円だったことを思うと、外国からの機械の代金がいかに高かったがわかる。

新工場の操業開始

京都織物株式会社は、織殿の払い下げ申請と同日の明治二〇年五月一九日に新工場の用地として愛宕郡吉田村下阿達（現京都市左京区）の官有地一万七八九四坪二合の払い下げ願書を知事に提出していた。ここは、維新前は聖護院領、その後、幕府の練兵場、維新後には明治政府に移り、明治五年には京都府の官営牧畜場となり、一三年の民営事業移行後には荒廃地になっていた。織殿の払い下げに加え、ここに本格的な大規模工場を建設するために、八月三日、浜岡と三人の技術者が欧州へ出発したのだった。

新工場用地の払い下げは一一月一九日に許可され、価格は三二〇〇円余、時価の三分の一程度だった。

さらに一二月二日には撚糸工場用地として、南禅寺より五〇〇〇余坪の地所を購入した。

新工場の建設は、欧州視察中の浜岡光哲と近藤徳太郎の帰国を待ち、明治二一年八月、まず織物部から着手した。同年一二月には稲畑勝太郎・高松長四郎が帰国した。その前後に機械据え付けのために雇い入れたフランス人機械師とともに諸機械が到着し、次々と設置されていった。明治二二年六月には事務所を移転し、河原町工場を分工場とし、九月には分工場の染物部も新工場へ移り、分工場を売却した。

翌明治二三年四月には、本社および各工場の設備が整い、二七日には皇后を迎え、この時、皇后からは二〇〇円が下賜された。そして、五月一日から営業を開始した。開業当初は、汽織機五五台、手織機八〇台で、主に紋織物・無地物・ハンカチ類を生産した。開業二か月前には、汽織機で色繻子の製造に成功し、「錦里繻子（きんりしゅす）」と名づけ、特製品第一号が誕生する。なお、繻子織は経糸（たて）か緯糸（よこ）か一方のみが表に出ることで光沢がある。

技師の解雇と経営陣の交代

このように、京都織物株式会社は、京都府の勧業事業として設立された織殿や官有地の払い下げという、官公庁の厚遇を受け、新工場が本格的に操業を開始したところへ「明治二三年恐慌」（一八九〇）が襲った。この恐慌は、明治一四年からの松方デフレ政策がひとまず落ち着きを見せたところに起こった投機的企業設立ブーム（第一次企業勃興）が崩壊し、そこに凶作も重なって起こったものであった（長岡新吉『明治恐慌史序説』）。

八月二六日に開かれた第五回株主総会（二三年上半期）では経営不振が追及された。各工場の職工が力織機に未熟で、充分な操業ができなかったことが原因だったが、株主からは高給取のお雇い外国人や技師の解雇が要望され、同社は支配人以下社員一同の俸給二割削減と社員数を削減し、近藤・稲畑・高松の三技師を解雇した。

翌二四年二月二五日の株主総会で、委員長の内貴甚三郎は次のように述べた。

> 当会社の現状を例すれば、恰も暴風浪の中に漂う処の船舶に異らざるなり。（中略）最早今日は欧風の家具装飾、即ち窓掛、椅子張地及び婦人洋服地等の如き仕入品を織らんとするは時機遅れたりと云わざるを得ず。（中略）故に将来に於ては販路少なき者は之を断然中止し、手織機は二十四五台に止め、汽織機は可成全部を運転せしめ、南京繻子生繻子其他成丈ケ需要の多くして販路の広きものを撰択織製する事とせば、事業を保続するには充分の策略なりと信ず。
>
> （京都織物株式会社編『京都織物株式会社全史』三〇頁）

内貴は、現状の厳しさを暴風雨に漂う船に例え、すでに欧風の内装材や婦人の洋服地などの既製品を生産することは時機が遅いという。

実際、明治二〇年一一月に新工場用地の払い下げ許可を得た時には、二か月前の九月に、条約改正内容への批判と極端な欧化政策への批判により、それを推進してきた井上馨が外務大臣を辞任していた。条約改正交渉は中断され、欧化主義も終息しつつあった。

内貴はこの試練を乗り切るため、販路の少ない商品は中止し、手織機は二四、五台に留め、蒸気機関による力織機を全面に使い、生繻子（生糸で織った繻子）・南京繻子などのできるだけ需要が多く、販路が広いものを選んで製織することを戦略とした。この南京繻子とは、幕末から明治初期に中国から輸入された緯糸に生糸、経糸に綿糸を用いた絹綿交織の織物で、西陣や桐生でも模倣して生産された。翌月の臨時総会で、見通しが甘かった責任を痛感した内貴委員長をはじめとする委員たちは、総辞職した。

代わって委員長に就任したのは、創立時からの相談役で、東京の財界重鎮の渋沢栄一である。南京繻子を京都らしい「都繻子(みやこしゅす)」と命名し、明治二五年には開業以来、初めて株主配当を出せるようになった。この都繻子は明治二八年の第四回内国勧業博覧会では、進歩一等賞を受賞した。折しも初の対外戦争となった日清戦争（明治二七、二八年）に勝利し、戦後の好景気の時代に入ったこともあり、この頃から、輸出に重点を置き、大規模に蒸気機関による動力を使って需要品の量産を図り、京都織物株式会社の経営は軌道に乗っていく。

近藤徳太郎のその後

一方、明治二三年一〇月、京都織物株式会社を解雇された近藤徳太郎は、川島織場の織場長に迎えられた。近藤と二代川島甚兵衛は、明治宮殿の室内装飾織物の件で京都府から御造営局へともに派遣されているので、その折から関係ができたのだろう。これを機に川島織場では、空引機からジャカード機へ転換が図られる。

近藤は織場長と兼務しながら、明治二五年九月に第三高等中学校（第三高等学校の前身）、翌年には同志社法政学校（同志社大学法学部の前身）のフランス語講師を務めた。さらに京都市染織学校（のち洛陽工業高等学校、現京都工学院高等学校）の教師などを経て、明治二八年に川島織場を退職し、栃木県工業学校（栃木県立足利工業高等学校の前身）の初代校長兼教諭として迎えられた。

足利への赴任は、近藤自身が教育へ関心を持ち始めたことは大きいが、地元の要請を受けて同校への就任を口説いたのは稲畑勝太郎だった。稲畑は明治二三年に京都織物株式会社を辞めたのち、京都で稲畑染料店（上京区中筋千恵光院角）を開き、足利織物講習所にも関わっていた。稲畑は明治三〇年に大阪に出て稲畑染工場を設立し、大きな飛躍を遂げる（後掲一四五頁）。一方、近藤は教育者であるとともに、さまざまな織物の改良に取り組んだ（前澤輝政『近藤徳太郎　織物教育の先覚者』、日下部高明『京都、リヨン、そして足利』年表）。

世界最優等の織物を——川島甚兵衛

明治二一年（一八八八）竣工の明治宮殿（皇居）の室内装飾織物制作を国産に、とくに西陣の染織業界へ依頼するよう御造営事務局に嘆願し、織殿長の近藤徳太郎とともに尽力したのが、二代川島甚兵衛（川島織場、のちの川島織物、図11）だった。ここではまず、創業者の初代川島甚兵衛のことから始めたい。

川島織物の創業

初代甚兵衛は文政二年（一八一九）、善徳寺（真宗大谷派城端別院）の門前町で絹織物業が盛んな越中・城端（じょうはな）（現富山県南砺市）で絹織物業を営む上田屋に生まれ、文次郎と名づけられた。二歳の時、父が他界し、母は文次郎を連れて城端の町から南東へ一キロほど離れた実家（理休村川島）の林家へ戻るが、九歳で母も他界し、祖母に育てられた（『錬技抄　川島織物一四五年史』）。

文次郎は父の志を受け継ぎ、一三歳になって単身京都へ向かう。京都では呉服の大店（おおだな）の紅粉屋（べにこや）に奉公し、天保六年（一八三五）一七歳の時、主人に許され、近在へ出商いを始めたが、翌年に主人久兵衛が亡くなり、文次郎の尽力も空しく紅粉屋は逼塞（ひっそく）してしまった。文次郎の将来を考えた紅粉屋は、暇を出

図11　２代川島甚兵衛

した。その後、文次郎は蝋問屋、染物悉皆屋（すべてを取り扱う店のこと）に勤め、天保一四年、二五歳の時に六角室町（現京都市中京区）でささやかな呉服悉皆店を開店し、上田屋甚兵衛と名乗った。

嘉永二年（一八四九）、仙台藩御用弓師だった小松甚七の次女の愛子と結婚し、同六年に辨次郎（のち二代甚兵衛、一八五三〜一九一〇）が誕生する。安政五年（一八五八）に日米修好通商条約が結ばれると、長崎へ店員を派遣して、京都の織物類を貿易商に売り、洋反物を仕入れて京阪市場で販売して財を増やした。当時の京都では、尊王攘夷運動が激しく、外国人と取引する国賊といわれ、命が危ないこともしばしばだった。

商いの成功で資産が増え、創業地から室町姉小路、さらに三条菱屋町へと店舗を拡大していく（『錬技抄』）。関東織物も買い入れるようになり、仕入れの際には辨次郎を伴い、関東や信州・美濃などを巡り、明治元年（一八六八）、五〇歳で家業を一人息子の辨次郎に譲った。この頃、生まれた城端で林家から従弟を養子に迎えて上田屋を再興し、京都上田屋の分店として譲り、自らは育った川島の地名から川島甚兵衛と名乗る。

幕末から明治維新期に西陣が混乱するなかで、織物の粗悪品が出回っていた状況を案じ、明治七年には京都府へ「織物業者取締建白書」を提出し、明治一二年三月に六一歳で永眠した（『川島織物創業145年から163年（会社合併）までの歴史』）。

美術織物への着手

父が亡くなるとすぐに辨次郎は襲名し、二七歳で二代川島甚兵衛となり、家則三二条を制定する。その第一条に「本商は呉服太物染悉皆唐反物等の売買を主とし、必ず之を大切にすべき事」と営業品目を明らかにし、本業以外で儲けることを禁じ、これがその後の事業基礎となった。この明治一二年秋、二代甚兵衛は、朝鮮との貿易を始めるため現地へ赴き、粗悪で低廉な生糸や絹を日本の金巾（かなきん）（目の細かい薄い綿織物）類と交易し、その生糸や絹を良質に精練加工して国内衣料の裏地として販売した。

そして、現地好みの絹織物を輸出すると、好評を得て輸出は増加し、明治一四年には朝鮮国王高宗（一八五二〜一九一九）の求めで皇太子（のちの純宗、一八七四〜一九二六）の婚儀に際し、大典の衣裳や役人へ下賜する絹織物一式を納めた。この朝鮮貿易は、江戸時代から朝鮮王室と親交のあった毛利家の御用達を務めていた共同商会を通じて行われた。この経験から、さらに海外輸出を志すなら、国内産地の品質向上を図ることが必要だと痛感する。

そこで、すでに輸出を手掛けていた丹後ちりめんの品質や規格を改良すべしという建白書を、明治一四年二月に、第三代京都府知事の北垣国道に提出した。あわせて原料の精選、織り方や精練（一七二頁参照）の考案、商標制度の活用、共進会（きょうしんかい）（製品の品評会、明治一〇年代に全国で開催）の設置、織工の雇用方法の改善なども訴えた。

こうして丹後の技術に西陣の技法を導入した新趣向のちりめんを次々に考案した二代甚兵衛は、明治一七年にちりめん用の工場（京都市上京区東堀川通元誓願寺下ル）ができると「川島織場」と名づけ、丹後から職人を呼びよせて製織を開始した。

改良したちりめんで成果を収めると、いよいよ念願の美術織物に着手する。ビロード織物や模様織物、神官装束や法衣製作の技術に優れた西陣の職人を採用し、空引機（二〇頁参照）で最も難しい技術を駆使した紋織掛軸「葵祭」を完成させ、明治一八年、東京で開催された五品共進会に出展した。

品川弥二郎が勧めた海外視察

これを見た農商務大輔の品川弥二郎（一八四三～一九〇〇）が称賛し、翌年にドイツ公使として赴任する際、ドイツ皇室への献納品を依頼した。通常一年以上かかる紋織物「檜扇模様」を四〇日間で織り上げ、品川が東京を出発する明治一九年（一八八七）三月一二日の前日に納品した。これを見た品川は絶賛し、海外視察をすれば必ず得るものが多く、輸出を図る上で必ず役立つだろうと同行を勧めた。

ところで、二代甚兵衛の功績を描いた橋本五雄著『恩輝軒主人小伝』には、次のようなストーリーが描かれている。

二代甚兵衛は、かねてから海外視察を願ってはいたが、ただ留守中を頼める兄弟もおらず、老いた母を残すことになるため、即答できなかった。そこで品川と丹後出身で二代と親交のあった主税局次長の神鞭知常（一八四八～一九〇五）が、二代の母に外遊の許しを請う手紙を書く。これを携えて帰京したのが三月一五日、初代甚兵衛の法事で親族も集まっていた時のことだった。自らも遺言状を書き、翌日、神戸港から一行に加わった。

しかしこの話は辻褄が合わない。同書に挿入された品川の手紙は三月三日付、神鞭の手紙は九日付で、農商務大臣の谷干城に了承も得ている。おそらく品川は当初から二代に海外視察させようと考えていたのだろう。神鞭が母親に宛てた手紙には、留守中はあなたの子の一人となって何事も御相談に預かるとまで記されている。

さて、ドイツ皇室では、献上した紋織物「檜扇模様」を絶賛し、美術工業博物館で大切に保管の上、多くの国民に観覧できるようにした。また、二代甚兵衛は、初代から苦心して製造や収集してきた八万点の裂のなかから、極秘の参考見本裂帖を約一〇冊持参し、ドレスデン、ウィーン、リヨンの博物館で展示されると、多くの称賛を受けた。洋行の目的は、ヨーロッパの優れた織物を学ぶことだけでなく、日本の織物を公開し、その美や技術を紹介することも重要な役割だった。

この洋行の成功で自信をつけた二代甚兵衛は、

> 仏蘭西のゴブラン織は、世界最優等の織物たりとの声誉を専らにし、同国里昂市の名は、隆々として機業界に高し。（中略）西陣織物を以て、優に里昂織物と相拮抗することを得く、所謂世界最優等織物の称あるゴブラン織、及美術織物に凌駕すべき織物を製作すること、亦敢えて難きにあらず
>
> （前掲『恩輝軒主人小伝』二七頁）

フランスのゴブラン織は世界最優等の織物との名声を一心に受け、リヨン市の名は勢いがあり、機業界で高い。しかし、西陣織物はリヨン織物と拮抗でき、いわゆる世界最優等の織物と称えられるゴブラン織や美術織物を凌駕する織物を制作することは、あえて難しいことではないと帰国後、周囲に語った。また、大隈重信には、化学の応用力はまだヨーロッパ人に及ばないが、指先の動きや色を見分ける力は負けない、とも語っている（前掲『恩輝軒主人小伝』）。

なお、二代川島甚兵衞はこの洋行中、ベルリンで農商務省工務局商標登録所長兼専売特許所長（翌年に特許局長）の高橋是清（一八五三～一九三六）と会っている。国際貿易が盛んになり、万国博覧会が開催されるたびに、発明を模倣する問題が起こり、日本でも明治一七年（一八八五）に商標条例、翌年には専売特許条例が制定された。これらの運用を図るため、高橋は欧米各国の視察を命じられていた。高橋に会った時、二代甚兵衞は、

何れ日本でも意匠の保護をすることになるであろうが、それについて最も注意をせねばならぬことは、図柄と色の配置とを区別して考へねばならぬことである。日本では図柄の保護ばかりではなく、むしろ色の配置の保護に重きを置く必要がある。（上塚司編『高橋是清自伝』上、二九〇頁）

と、いずれ日本でも意匠の保護が必要になろうが、図柄と色の配置を区別し、後者が重要だと提言した。翌日、見本を送ると、これを見た高橋は「なるほど図柄よりも色の配置が大切であることを深く感じた」（同前、二九一頁）と述べている。

高橋是清へ「意匠」保護を提言

高橋は帰国後、専売特許条例の改正を願い出る。その時、意匠発明の追加を発議したものの、実現しなかったが、翌二〇年一二月、農商務省が内閣総理大臣あてに「意匠条例案」を提出した。その後、内閣法制局、元老院の審議を経て、二二年二月に意匠条例が施行された。元老院での審議の際、「意匠条例ハ新法ニ係リ事物ノ進歩上必要ニシテ即チ英語ノ『デザイン』ナルモノナリ」と説明している（特許庁意匠課編刊『意匠制度120年の歩み』一一頁）。この時、デザインの訳語として「意匠」が用いられた。

意匠条例の第一条には「工業上ノ物品ニ応用スヘキ形状模様若クハ色彩ニ係ル」とあり、形状や模様だけでなく、色彩も対象になっている。日本の意匠条例はイギリスに倣ったものとされるが、二代甚兵

衛の提言が高橋の背中を押しのだろう。

明治宮殿室内装飾織物の制作

二代川島甚兵衛は、ヨーロッパ各国を回っていた明治二〇年九月、皇居造営事務局から帰国を命じる電報を受けた（『川島織物三十五年史』年表）。帰国すると、明治宮殿御造営装飾織物製作の任務が待っていた。渡航前に紋織物で美術織物を制作していたが、帰国後はフランスのゴブラン織に刺激を受け、これに対抗できるのが指先や爪先を使い、繊細な表現ができる「綴織」と確信する。法隆寺や正倉院には大陸伝来の綴錦が残っているが、国内では一八世紀半ばに西陣で織り始められた。山鉾や山車を飾る装飾織物に使われ、一九世紀前半には仁和寺のある御室（京都市右京区）に綴織職人が集住し、名工が登場する（前掲『錬技抄』）。

だが、当時、川島織場には綴織の設備がなく、職人もおらず、時間の猶予がないため、綴織は西陣の織物仲買商を通じ、この御室の職人たちへ依頼した。そして、明治宮殿正殿の柱隠用の紋織「菊花模様」、明治宮殿豊明殿の入口上部飾の綴織「菊花束」を仕上げ、高島屋の飯田新七とともに翌年四月に無事に納入した（『川島織物創業145年から163年（会社合併）までの歴史』）。

その後、明治期では明治宮殿の西溜之間の壁面を飾る一対の綴織壁掛「富士巻狩」（明治三一年）、東溜之間に綴織壁掛「百花百鳥」二対（明治四二年）を納めた。このように明治宮殿の内装に取り組んだことが、二代甚兵衛が事業を転換する契機となった（同前）。

綴織の改良・再興

二代川島甚兵衛の留守中、川島織場と外機（外注の賃織）では約五〇台が稼働し、羽二重縮緬と名づけた錦紗縮緬を製織していたが、帰国すると、御造営装飾織物に注力するなかで、美術織物への転換方針を固めていく。そして、本格的に綴織に取り組むため、工場の増改築に着手した。明治二二年（一八八九）春、北向き採光の片流れ屋根と土間を改築して板間にした新式工場が完成した。京都における工場組織の先駆となった。

新工場ができると、ちりめんの製織を止め、本格的に綴織・紋織・刺繡などを駆使した美術織物にシフトしていく。二代甚兵衛は模様や色の表現のみならず、従来の着物用織機（小幅三六センチを織る）では、室内装飾用織物が織れないため、用途に合わせた綴織ができる大型織機を開発し、生涯をかけて、綴織の改良に最も力を注ぎ、「綴織再興の祖」と呼ばれた。

新工場の完成から間もない五月には、フランス革命一〇〇年を記念した第四回パリ万国博覧会が開催された。エッフェル塔の建設が話題となったこの万国博に、二代甚兵衛は綴織壁掛「四季花鳥」を初めて海外の博覧会に出品し、金牌を受賞した。精魂を傾けた織物は、この金牌受賞を皮切りに、国内外の博覧会に出展し、多数の受賞を重ねていく。

また、同年には、日本で初めて壁面、家具、敷物など室内装飾一式を織物で仕上げた西洋館「川島織物参考館」を建て、国内外の賓客、実業家たちに日本の美と技術の粋を可視化した（『川島織物創業145年から163年（会社合併）までの歴史』）。

ジャカード機の導入

優れた美術織物に精進する一方で、川島織場では、明治二三年に京都織物株式会社を退職した近藤徳太郎を織場長に迎え、ジャカード機の導入を図り、近代化にも取り組んだ。やがて明治四一年に空引機は姿を消すことになる。近藤は洋式機械が入った近代工場での織物づくりを目指し、高級品だった風通織（ふうつうおり）（表裏の二重組織を持つ織物）の製織にジャカード機を使い、量産化に挑んだ。

大津事件の見舞品「犬追物」

ところで、この頃、川島織物が歴史的な事件で活躍したことをご存じだろうか。明治二四年五月、日本を訪問していたロシア帝国皇太子ニコライ・アレクサンドロヴィチ・ロマノフ（のちの皇帝ニコライ二世）が神戸上陸後、京都へやってきて、五月一〇日にニコライ一行は川島織場を見学した。織場長だった近藤徳太郎が当時の欧州で共通語だったフランス語で説明すると、その織物の美しさに魅了されたという。なお、京都でのニコライの通訳は、稲畑勝太郎が務めている。しかし翌日、琵琶湖観光の帰り、大津町（現大津市）で警察官の津田三蔵に襲われ、ニコライは頭蓋骨を損傷した（大津事件）。

その後の訪問はすべて中止となり、ニコライは五月二〇日に神戸から帰国した。この事件を政府は重大な外交問題ととらえ、天皇自らがニコライの宿泊する常盤ホテル（のち京都ホテル、現ホテルオークラ京都）を訪ねて謝罪した。そしてニコライが神戸を発つ時、川島織場で制作された綴錦壁掛「犬追物」（タテ二・一二メートル×ヨコ三・六三メートル）が贈られた。

この作品は川島織場が制作した大作第一号で、前年の第三回内国勧業博覧会で「綴錦犬追物図」（図案）が二等妙技賞を受賞し、宮内省に買い上げられた。それを急遽、川島織場へ送り、双頭の鷲（ロシアの国章）と菊の御紋（日本の国章）を織り込んだボーダー（縁）を付けて壁掛用に仕立てた。ニコライはこれを気に入り、三年後（明治二七年〈一八九四〉）にロシア帝国皇帝になると、翌年、二代川島甚兵衞をロシア皇帝の御用達に任命した（前掲『錬技抄』）。

風通織の流行と特許・意匠・実用新案登録への意識

織場長に迎えた近藤徳太郎が高級品の風通織の量産化に挑戦し、明治二七〜二八年頃には、日清戦争勝利の好景気を受け、風通御召（凹凸を持つ縮緬と似た風合いの織物で精練後に織る）が全国的に大流行した。しかし、これを模倣した粗雑な織物が出回り、川島織場では特許・意匠・実用新案の登録にも取り組む（『川島織物創業145年から163年（会社合併）までの歴史』）。

このように、明治二〇年代の川島織物は、美術織物は二代甚兵衛が、実用織物は近藤徳太郎が牽引し、採算を度外視して美術織物に取り組む二代を、近藤が実用織物で支えた形となった。近藤は、明治二八年には栃木県工業学校の初代校長兼教諭として足利へ移るが（前掲九七頁）、この二本建の経営によって順調に発展し、明治二九年、個人商店の上田屋から合資会社川島織物になった。

また、明治二三年に帝室（宮内省）による美術工芸作家の保護と制作の奨励を目的とする帝室技芸員という顕彰制度が設けられたが、翌年二月に二代甚兵衛は宮内省織物御用達（国内第一号）となったのち、制度発足から八年後、明治三一年にはその帝室技芸員を仰せつけられた。

美術織物と海外進出——髙島屋

髙島屋の創業

明治二一年（一八八八）の明治宮殿の造営こそが、明治前半期における西陣機業の変革の契機となった。まず京都でその筆頭となったのが、先に見た洋式工場を持つ織殿だった（明治二三年の民営化後は京都織物株式会社）。民間で皇居室内装飾織物制作の下命を受けたのが、西陣の川島織場（のちの川島織物、二代川島甚兵衛）と髙島屋（三代飯田新七）だった。ここでは、髙島屋がその制作に至るまでの歩みから見てみよう。

髙島屋を創業した初代の飯田新七は天保二年（一八三一）、二七歳の時、京都烏丸通松原上ル薬師前町西側（現在は京都銀行本店の一部）に間口二間（約三・六メートル）の古着木綿商「たかしまや」を開店した。敦賀（福井県）の中野宗次郎の三男に生まれ、一〇歳の時に京都へ出て、呉服商に勤め、二五歳の時に、米穀商を営む髙島屋飯田儀兵衛の長女秀の婿養子となった。髙島屋の屋号は、儀兵衛の出身地である近江国高島郡（現滋賀県）にちなむ。文政一二年（一八二九）、米屋の経験がなかった新七は、分家として同家の東側に家を借り、古着の行商を始め、開店したのが「たかしまや」だった。

その後、嘉永四年（一八五一）、長女の歌（歌子）に、京都の香具商（匂袋や薫物の材料、道具類を商う）の次男の上田直次郎（文政一〇年生）を婿養子に迎え、翌年、直次郎は家督を継ぎ、二代新七を襲名した。一二歳から京都の呉服商に奉公した二代新七は、自ら河内まで木綿の仕入れに行き、良品の廉価販売に尽力し、安政二年（一八五五）に木綿古着商から呉服木綿商に転換した。この時、家族七人、店員一四人の店になっていた。

元治元年（一八六四）の「どんどん焼け」で店舗を焼失したが、火の手の勢いを見て全商品を本圀寺へ運び出し、一週間後に自店の焼け跡で開業すると大繁盛となった。幕末維新の混乱を乗り越え、明治四年（一八七一）には、旧肥前藩主から婚礼調度品二〇〇〇円の注文を受けるまでになった。その三年後、明治七年に初代新七は七〇歳で永眠した（『髙島屋一五〇年史』）。

初代と二代の死

その髙島屋創業者の初代新七は生前、孫たちに、清水寺の観音に詣でた際、山門の下で立ち止まり、眼下に広がる京の町を指して、次のように諭したという。

見よ京都の地は広しと雖も一眸の裡に収まるに過ぎず、宜しく眼界を汎めて遠く世界を対手とすることを心掛くべし

（『髙島屋百年史』四頁）

「京の町は広いといっても、両眼に収まってしまう、視野を広げ、遠い世界を相手にすることを心掛けよ」、この祖父の言葉を胸に、果敢に海外貿易に挑戦したのが四代新七である（後掲一一二頁）。

初代が逝去した明治七年頃、髙島屋は大阪の呉服店にも販売ルートを広げ、明治一〇年に京都―大阪間で鉄道が開通すると、ますます大阪との商売は活発になった。同年に開催された第六回京都博覧会へ初めて呉服を出品し褒賞を受賞すると、翌年の第七回博覧会で、二代新七は品評方（審査員）を命じら

れた。同年に緞通（敷物の一種）商と取引を開始し、さらに翌一二年には京都に段通店を開業した（のち装飾部に発展）。

外国人との美術織物の取引は、明治九年にアメリカのスミス・ベーカー商会が大量の袱紗を購入したことに始まる。京都で博覧会の審査員を務め、大阪、アメリカと商売を拡げ、呉服のみならず、緞通も扱うようになった矢先の明治一一年、二代新七が五一歳の若さで急逝する。初代の死から、わずか四年後のことだった（『髙島屋一五〇年史』）。

三代新七と美術織物

二代新七の急逝は髙島屋の経営に大きな打撃となった。妻の歌子は、二四歳の長男直次郎に三代新七を襲名させるとともに、当時一八歳だった次男の鐵三郎を指導し、経営はもとより、店員の人材育成を図った。歌子の明るい性格や応対は多くの人を惹きつけたといわれ、伊藤博文・山県有朋・品川弥二郎、京都府知事の中井治など、政界や官界の人々とも親しくした。その手腕は経営面でも発揮され、若い三代新七を助けた。

三代新七はやや病弱だったため、商売は弟の鐵三郎に任せ、自身は主に美術織物の制作に注力した。外国人との取引が増えるにつれ、外国人向けの商品開発の必要性を痛感し、美術を染織に応用するため、下絵では画家の岸竹堂やその弟子の今尾景年、西陣織の製織の伊達弥助、友禅師の村上嘉兵衛ら一流の人々を招き、刺繍・ビロード友禅・綴錦の技法を駆使した壁掛・屏風・衝立など日本固有の美術工芸品を作り上げ、明治一八年には画工室を設置した（同前）。

明治二〇年（一八八七）には、先述したように、明治六年に焼失した皇居の再建にあたり、西陣の二代川島甚兵衛と共に用命を受けた。髙島屋には壁張・窓掛・椅子張地など四〇余種の制作が命じられた。

図12　4代飯田新七
（髙島屋史料館提供）

それらには幅三尺丈四尺（約一メートル×約一メートル三〇センチ）に余る大きさと豪華な模様のある生地が求められ、大型織機とジャカード機が必要だった。そのため西陣の機業家たちが協力し、明治二〇年に稲田卯八・今西平兵衛・富田半兵衛・鳥居喜兵衛・山田泰三らが西陣紋織会社（資本金約一万円）設立して制作した（佐々木信三郎『西陣史』）。

明治二一年に無事、明治宮殿の内装品の上納を終えると、翌二二年には、宮内省への御料羽二重の納品が入り、その後も伊勢神宮式年造営や国会議事堂などの内部装飾や敷物の注文も続き、さらに中央官庁や宮家・華族などからの受注も増えていった。

四代新七の就任と欧米視察

このように髙島屋の事業が拡大し続けるなか、明治二一年、三四歳の三代新七は弟の鐵三郎に家督を譲り、鐵三郎が二八歳で四代新七となった（図12）。三代新七はその後も体調を見ながら、美術織物を中心に仕事を続けた。鐵三郎は商才に優れ、問屋を通さない直取引の必要性を痛感し、弟の政之助とともに足しげく西陣の織屋に通い、明治一〇年代には直接仕入れることに成功し、二〇年代には西陣に工場を持つようなる。この明治二一年、髙島屋は、スペインで開催されたバルセロナ万国博覧会に、初めて出品し、刺繍の作品で銀牌を受賞した。

翌明治二二年三月、四代新七は襲名から約一年後になるが、第四回パリ万国博覧会の見学を兼ねて、約七か月の欧米視察旅行に単独で出発した。第四回パリ万国博には刺繍と織物の作品を出品し、これらの作品で二つの金牌を得ている。

この海外視察の経験から輸出貿易の重要性を痛感した四代新七は、明治二六年には貿易店（髙島屋飯田新七東店）を開店する。また、渡航の帰路、イギリスのリバプール港で当時内務大臣だった山県有朋の一行と出会い、随行してアメリカを巡った。これまでに山県が髙島屋の店舗を訪れることもあったが、この随行で四代新七との関係が深まっていく。山県は帰国後、内閣総理大臣となり、以後も交際は続いた。

その後も万国博への出品を続けて受賞を重ね、明治三〇年には、弟の太三郎がフランスの絹織物取引の中心地のリヨンへ派遣され、代理店を決めて常駐した。この年には東京仮出張所を開店、東京における最初の店舗としたほか、宮内省御用達の指定を受け、戦後の昭和二一年（一九四六）にこの制度がなくなるまで、宮中のさまざまな注文に対応していく。さらに、明治三三年には、横浜貿易店を開店し、横浜商館の貿易商を介さない直輸出を進めていく（『髙島屋一五〇年史』）。

内国勧業博覧会と京都染織品

内国勧業博覧会とは

政府は、日本の国際競争力を高め、メイド・イン・ジャパンの力を示すため、国際見本市の性格が強かった万国博覧会へは日本の一流品を出品し、国内では内国勧業博覧会を開催して、産業振興を図った。内国勧業博覧会は、明治時代に第一回（明治一〇年・東京上野）、第二回（明治一四年・東京上野）、第三回（明治二三年・東京上野）、第四回（明治二八年・京都岡崎）、第五回（明治三六年・大阪天王寺・堺）と五回開催された。

第一回には八万四〇〇〇点余が展示され、龍紋・鳳紋・花紋の三賞と褒状が五〇〇〇人余に与えられた（国立公文書館特別展「公文書にみる発明のチカラ」インターネット展示）。京都から出品した染織業者のうち、最高賞の龍紋賞牌を、山崎倭文（刺繍）、西村總右衛門（友禅染）、小林綾造（織物）、矢代庄兵衛（絲錦）、織工場（織殿の前身、木綿綾織・絹織）が受賞した（『明治十年内国博覧会牌褒状授与人名録』）。

また、第二回は、約三三万点が出品され、最高位の名誉賞から順に進歩・妙技・有効・協賛の五賞が設けられ、進歩から協賛の各賞は一から三等に分けられ、約四〇〇〇人が受賞した（前掲「公文書にみる発明のチカラ」)。トップの名誉賞状は富岡製糸場（生糸）が、名誉賞牌は三人が受賞し、次の進歩賞牌一等は五人が受賞したが、西村總右衛門（千總、天鵞絨友禅染）が入った。同二等（受賞者二六人）に京都染織業者から繍工總衆（刺繍見本・半襟）、西陣織物会所（金華山織臥床被、模様入りビロードのベッド掛け）、女紅場（にょこうば）生徒（綴錦卓被、高度な織柄と多彩な色のあるテーブル掛け）が入った（『第二回内国博覧会褒賞授与人名表』上）。

第三回内国勧業博覧会

これまでの二回の内国博覧会では、京都の染織業者から上位の受賞者を輩出し、その力を示した。続く第三回は全体で七万七四三二人が出品し、出品数は一六万七〇六六点、うち名誉から協賛までの五賞の受賞者は四三七一人だった（『第三回内国勧業博覧会事務報告』)。この第三回からは審査員や評価基準が変わっていく。

これまで染織分野を審査したのは、黒川真頼（くろかわまより）（国学者・歌人、のち帝国大学教授）らの学者や官吏だったが、第三回以降は、染織業界からの要請もあり、専門性の高い事業者（民間人）も加わり、商品としての需要や価格なども評価されるようになる（赤羽光「『第五回内国勧業博覧会紀念 染織鑑』と第五回内国勧業博覧会に関する一論考」)。第三回では、染織分野の主任は、応用化学者で農商務省技師の平賀義美（一八五七〜一九四三）で、彼のもとに五世伊達弥助が審査官となった。

今回から審査は工業・美術・農業森林及園芸・水産・教育及学芸・鉱業冶金術・機械の七部に分かれ、京都の染織業者は「工業」と「美術」の二部で入賞した。工業の部では、一等有効賞を佐々木清七（繻珍女帯地）・入谷松之助（同）・柳池織物会社（絹綿交織黒繻子襟地）が、二等進歩賞を下村正太郎（婦人洋服地）・河田清七（黒繻子女帯地）が、二等有効賞に伊達弥助・川島甚兵衛・河田清七・西村治兵衛・

永尾徳兵衛・本庄武助・鳥居喜兵衛が各種の女帯地で受賞した。同賞にはこの他に襟地で橋本伝兵衛・小川与助、婦人洋服地で飯田新七、薄縮緬で江原徳右衛門・石田米造も入った。

また、「美術」では一等妙技賞を西村總左衛門（友禅屛風雪中鴨図・刺繍屛風保津川図）と伊達弥助（女帯地紋様）が、二等妙技賞を飯田新七（天鵞絨友禅卓被画紋散図）と川島甚兵衛（綴錦犬追物図）らが受賞した。「美術」では橋本関雪・岸竹堂・久保田米僊ら著名な画家たちも上位に名を連ねており、受賞作品も染織品そのものではなく、その下絵となる図案が受賞の対象になっている。

これまでも作品や製品ごとの審査結果の公表はあったが、第三回からは、出品された種類ごとの審査報告書が作成された。そのなかに府県単位の講評も盛り込まれ、

京都西陣の評価

京都の染織品は、次のように評価された。

> 京都府ハ流石に従来製造ノ名区タルニ背カス帯地ニ於テハ西陣ノ右ニ出ツルモノ絶テナシ（中略）殊ニ輓近「ジャカード」（紋織器械）ノ輸入アリシヨリ一層ノ進歩ヲ為セリ

京都府は製造では有名な地で、帯地は西陣の右に出るものはずっとなく、ことに最近はジャカード機を輸入し、いっそう進歩していると高い評価を得ている。しかし、報告書では「染色および配色の二点ではまだ努力すべき」（『明治廿三年第三回内国勧業博覧会審査報告』Ⅲ、四三四頁）と課題をあげている。比較として群馬県をあげ、染色・組織ともに佳良で、かつ価格が安いこと、洋服地では京都府よりも上で、桐生は時好（世間の好みや流行）に敏感で西陣を凌駕しており、外国人の嗜好をうかがい、配色・製作・染色および紋様に至るまで進歩が顕著だと評価する。ゆえに、西陣織業者は現状に甘んずることなく、その趣向に注意し、とくに西陣の美術織物は、元来外国人の嗜好に適する最良品なので、輸

出方法を研究し、販路を海外に拡張することを求めている（同前、四三四・四三六頁）。

このように第三回博覧会が開催された明治二〇年代は、織の技術よりも時好・趣向・嗜好などが課題に浮上し、そのために重要になってくるのが、意匠（デザイン）だった。

意匠登録の普及へ

この第三回博覧会が開催されるにあたり、農商務大臣岩村通俊は、出品する品を意匠登録するよう天皇に勅令を求めた。博覧会の前年、高橋是清から農商務省とつないで明治二二年に施行された意匠条例が未だ業者間に認知されておらず、博覧会の度に模造品が後を絶たず、粗製濫造問題が起こった。この博覧会を機に意匠登録の普及を図ろうとした。

その理由書によると、日本の意匠（デザイン）は欧米で好評を博しているが、さらに良い製品を生み出し、販路を開拓するためには、考案者による意匠登録が重要だが、考案者は登録の利益、すなわち、登録することで自らの意匠が保護され、利益（利用料）が考案者に入ることを理解していないという。そのため、他人の模倣を恐れ、広く応用せず、新製品の創出や販路拡大が図れないので、今回の博覧会出品の製品については手数料と登録料が三年間不要とする勅令が出された（国立公文書館デジタルアーカイブ「第三回内国勧業博覧会出品ニ属スル意匠登録ノ件ヲ定ム」）。

図案募集の始まり

一方、京都では、この第三回博覧会に向けて、京都府から何を出品するかを協議するため、明治二三年（一八九〇）、京都美術協会が設立された。初代会頭には京都府知事北垣国道、副会頭に三井高明（みついたかあきら）が就任し、評議員には染織分野から四代飯田新七・二代西村總左衛門・西村治兵衛・二代川島甚兵衛、原在泉（はらざいせん）（絵画）・並河靖之（陶芸）・高橋道八（漆芸）・池田（いけだ）

清助（美術商）などが名を連ねた。設立当初の会員一九〇人は、美術工芸家と奨励家たちだった。会員から図案募集を行ない、陳列会を開催し、新しい時代に対応した伝統工芸の創出を目指した（並木誠士・青木美保子編『京都　近代美術工芸のネットワーク』、村上文芽『近代友禅史』）。

翌二四年には、髙島屋が国内向けと海外向けの両面から、友禅下絵を手がけた画家たちへ、ちりめん帛紗の図案の懸賞募集を試みた。岸竹堂・今尾景年・幸野楳嶺ら京都画壇の重鎮が審査し、彼ら自身も髙島屋の下絵を描いていたので応募した。一等となったのは、国内・海外ともに久保田米僊らに師事した若手の田中一華（一八六四～一九二四）だった。国内向けの図案は岡に流れがあり、麦が一本立つ図、海外向けのものは、岡に雀が居て、椿の花が流れる図で、従来の自然風景をモチーフとした定型の図案と大差はなかった。その後、図案の募集は帛紗から着物の図案へと広がっていく。

これらの動きに触発され、明治二五年三月には、友禅染業者の有志、河合惣之助・吉岡宗次郎・中西安次郎・西田音松の四人が「友禅図案会」を起こした（のち明治三〇年に「友禅協会」と改称）。会員は当初の一〇名からすぐに増加し、一一月にできた規則には、会員の友誼や親交と同業者の進歩を図ること、会では広く懸賞図案を募集し、年四回の図案展覧会を開き、審査の上、賞品を授与することなどが目的として明記された。なお、この年には京都染業組合（明治三一年に京都染物同業組合に改称）も設立された（一般財団法人京染会ホームページ）。

日清戦争の影響　明治二七年（一八九四）七月、明治政府が初めて体験した対外戦争である日清戦争が始まった。翌年三月二〇日、講和交渉が始まり、四月一七日に日清講和条約（下関条約）が調印されて、この戦争は終結する。

日清戦争によって京都の商工業界や西陣はどのような影響を受けたのだろうか。開戦から四か月、一一月二二日付の『日出新聞』によると、開戦前後の商工界は一時的に戦争を恐れ、とくに西陣では休機せざるを得ない状況だったが、日本軍の勝利が続き、正月も近づいてきた今では、地方から仕入れの注文が殺到して市内の商家はいずれも仕入れに取り掛かり、先に休機していた西陣機業家も製織を再開し、今月から来月にかけて景況はいっそう活気を呈しているという。このように京都では、日清戦争の影響は限定的なものだったと思われる。

日清戦争後には全国的に多数の企業が勃興してくるが、西陣でも明治一〇年代から挑戦しながら、挫折してきた綿ネルの分野で、明治二八年に動力製の織機・起毛機・捺染（なっせん）機を使用して一貫生産を行った京都綿子（めんネ）ル株式会社が創設されている（次章「国産化のススメ」のうち「綿ネルと機械捺染」の節を参照）。

なお、従来、日清戦争に勝利すると、国粋主義者たちによって日本文化を見直す動きが起こり、鹿鳴館時代には洋装のドレス（ローブ・モンタント）を着ていた高等師範学校女子部（現お茶の水女子大学）の教師と生徒も再び和装へと戻り、女学生は矢絣（やがすり）に袴（はかま）を着用するようになったといわれてきた。しかし、この転換の背景には、ドレスは動きにくく、洋服を製作する工房がまだ少なく、何より学生には高価だったことがあった。

さらにいえば、女性用袴を考案したのは国粋主義者ではなく、教育者の下田歌子（一八五四～一九三六）である。下田は経済・衛生・容儀（礼儀にかなった姿）の三点から女性が袴を着用することを提唱した。なお、美子皇后をはじめ、宮中での洋服着用に関しては和服に戻されることはなかった（刑部芳則『洋装の日本史』）。

第四回内国勧業博覧会と京都

内国勧業博覧会のなかで京都人が最も力を入れたのが、平安遷都一一〇〇年の記念行事として、明治二八年の四月一日から七月三一日まで岡崎公園（当時は京都市上京区、現在は左京区）で開催された第四回内国博覧会だった（図13）。前年に日清戦争が始まり開催が危ぶまれたが、殖産興業は戦時中であっても重要という政府の意向を受けて実施された。博覧会が始まって三週間たらず、勝利で終結となり、開催気運も盛り上がった。

実は、この博覧会は前年に開催される予定だったのだが、明治二六年のアメリカのシカゴ万国博覧会へ参加があったため、一年延期となったという事情がある。初めての東京以外での開催となり、京都と大阪で激しい誘致合戦が繰り広げられた。

京都の実業界ではすでに第二回・第三回の時にも誘致に動いていたが、失敗していた。第四回が開催される明治二七年は、桓武天皇が平安京を開いて一一〇〇年の節目にあたり、京都での開催が決まった。勧業博覧会と合わせて、千百年祭の動きも活発になり、琵琶湖疎水が貫通した岡崎地区には、この博覧会の記念殿として大極殿、さらに平安神宮が創建された。四か月の会期が七月三一日に終了すると、一〇月二五日には時代行列も挙行され、翌年から平安神宮の祭礼「時代祭」となり、二二日に開催された（平安神宮百年史編纂委員会『平安神宮百年史　本文編』）。明治天皇の東京奠都で低迷していた京都にとって、明治期における最大のイベントとなった。

景之図」，国文学研究資料館所蔵）

図13　第４回内国勧業博覧会（錦絵「西京ニ於テ開催大博覧

受賞品とその評価

第四回勧業博覧会の出品点数は一六万九〇九八点、出品人員は一万七八二九人、名誉・進歩・妙技・有効・協賛の五賞の受賞者総数は五一七二人だった（『第四回内国勧業博覧会授賞人名録』）。第四回では、前回同様、主任は平賀義美、そのもとに西村治兵衛（「千治」、千切屋）・西村總左衛門（一二代、千總）・飯田新七（四代、高島屋）らが審査官となった。第三回と同様に七部に分かれ、京都の染織業者は工業と美術及美術工芸の二部で受賞した。

「工業」では、名誉賞銀牌を京都織物株式会社（絹綿繻子）、飯田新七（繻珍女帯地）、進歩二等賞を広岡伊兵衛（友禅染）、木村勘兵衛（黒染）、藤村岩次郎（綿フランネル）などが受賞した。また、「美術及美術工芸」では名誉賞銀牌を西村總左衛門（刺繍観音図）、妙技一等賞を川島甚兵衛（綴錦観音図）、飯田新七（刺繍荒磯図屏風）、妙技二等を伊達虎一・佐々木清七・西村治兵衛・西村總左衛門（二件）、妙技三等を池田有蔵・矢代庄兵衛・鳥居栄太郎らが受賞した（『第四回内国勧業博覧会授賞人名録』）。

これら京都の美術織物についての評価は、次の通りである。

織法ニ於テハ新意ヲ加ヘ幾分カ技術ノ優点ヲ見レトモ意匠ニ至テハ敢テ逕庭（へだたり）ナキモ

ノ、如シ是全ク意匠ト技術トノ駢行（二つを並べる）を顧念セサルナリ
（『第四回内国勧業博覧会審査報告』第二部美術「友禅」、二〇八頁、（　）内は筆者）

報告書では、この部分にだけわざわざ強調点を付けて注意を喚起し、織法は新たな技術が加わり幾分か優れた点があるものの、意匠（デザイン）には差がなく、意匠と技術の両立を要望する。具体的には、今回出品の織物・刺繍・友禅の図様（図柄）は古画か、写生に傾いていると指摘し、京都は画師が多く意匠考案家がいるので、彼らに新しい図案を作成することを求めた（同前）。前回の第三回内国博覧会での「染色および配色の二点ではまだ努力すべき」という講評がさらに具体化し、意匠の問題がクローズアップされてきた。

国産化のススメ

明治三〇年代・四〇年代

変わる内国勧業博覧会——明治三〇年代

第五回パリ万国博覧会

明治二八年（一八九五）の第四回内国勧業博覧会のあと、第五回が開催されるのは明治三六年のことである。この二つの勧業博の間、明治三三年（一九〇〇）には、二〇世紀への展望となった第五回パリ万国博覧会が開催された。新時代の到来を象徴する電気を使ったアトラクションが登場し、日本からも多数の業者が出品した。女優川上貞奴（かわかみさだやっこ）の「娘道成寺」と「ハラキリ（切腹）」を組み合わせた演出のデモンストレーションは話題を呼び、ヨーロッパのジャポニスム（日本ブーム）の波にのって、衣服における、モードのジャポニスムが起こった（京都服飾文化研究財団編『モードのジャポニスム』）。

この第五回パリ万国博覧会では、京都の染織品は、二代川島甚兵衛がゴブラン織額面（群犬ノ図・大賞）、一二代西村總左衛門が刺繡扁額（へんがく）（水中群禽（ぐんきん）ノ図・大賞）、四代飯田新七が天鵞絨友禅（ビロードゆうぜん）壁掛（月夜千鳥ノ図・金牌）で受賞している。西村の原画を描いた今尾景年（いまおけいねん）も協賛銀牌、飯田の原画を描いた竹内栖鳳（たけうちせいほう）も協賛金牌をそれぞれ受賞した。

このような美術織物以外にも、実用品として、京都からは丹後ちりめんも海外への販路を求めて出品された。丹後ちりめんは、これまでもウイーン万博（明治六年）、フィラデルフィア万博（明治九年）、シカゴ・コロンブス万博（明治二六年）と受賞を重ねてきたが、表状や褒賞などに留まっていた。しかし今回は、江原徳右衛門が銀牌、鵜飼源右衛門が銅牌、他にも八名が褒状を受賞した。

なお、この第五回パリ万博での銀牌・銅牌受賞から一〇年後、明治四三年の日英博覧会では、丹後縮緬（ちりめん）中郡同業組合が名誉賞を受賞し、長浜ちりめんや岐阜ちりめんも多数の受賞者を輩出した（東京国立文化財研究所美術部編『明治期万国博覧会美術品出品目録』）。

第五回内国勧業博覧会

第五回内国勧業博覧会は第四回開催の八年後、明治三六年（一九〇三）に大阪で開催された。第五回の出品点数は二七万余、出品人員一三万余に上り、展示会場も農業（一部）・林業（二部）・水産業（三部）・工業（四〜七部）・機械（八部）・教育（九部）・美術（一〇部）の七つの館に加え、通運館・動物館・水族館も設置され、来場者も一一三万六〇〇〇人余と、これまでの内国博覧会で最も大規模なものとなった。

染織品は第六部（染物・織物等）に所属し、審査部長はこれまでと同じ平賀義美で、審査官には後述する鶴巻鶴一（京都高等工芸学校教授）、審査員には飯田新七（四代、高島屋）・西村治兵衛（「千治」、千切屋治兵衛）・齋藤宇兵衛（千總（ちそう）支配人）・伊達虎一をはじめ、モスリン友禅の堀川新三郎や岡島卯三郎（大阪）、広岡伊兵衛（友禅染）、江原徳右衛門（丹後ちりめん）などが入った。

第五回では、出品総数のうち約五分の一を染物・織物が占めた。そのため、従来の出品審査報告書とは別に、第六部に関係した有志の発案によって第六部のみをまとめた『第五回内国勧業博覧会紀念　染織鑑』（以下、『染織鑑』と略す）が出版された。

名誉賞金牌の受賞者たち

第五回内国勧業博覧会では、トップ賞の名誉賞金牌は全体で二四の個人・企業・組合が受賞したが、前回までと大きく受賞者が異なった。三井鉱山合名会社（東京・採炭事業）・三菱合資会社（東京・鉱業および精練）・住友吉左衛門（大阪・別子銅山）・川崎造船所（兵庫・造船）・郡是製糸株式会社（京都・生糸）・鐘淵紡績株式会社兵庫支店（兵庫・綿糸）など、鉱工業の大企業が名を連ねた（神戸デーリーニュース社『第五回内国勧業博覧会受賞名鑑』一九〇三年）。これらのなかで第六部の染織品から名誉賞金牌を受賞したのは、京都の京都織物株式会社と飯田新七（四代、髙島屋）のみだった。

京都織物株式会社は「絹織及(および)其交織物各種」で受賞した。受賞理由は、設備が整い、規模が壮大な絹織物工場で、すでに「都繻子(みやこしゅす)」で内需を図り、東洋緞子を海外へ輸出し、その他にも婦人洋服地や紋天鵞絨など、いずれも品質精良、技工が巧妙で模範とする、というものだった（『染織鑑』）。品質や技術はもとより、大規模工場で大量生産し、内外へ広く販売していることが評価されたのである。先にも触れたように、明治二八年の第四回内国勧業博覧会で進歩一等賞を受賞したことで、創業以来、苦しんでいた経営を軌道に乗せることができ、この第五回での名誉賞金牌によって、経営を拡大させていく。

一方の髙島屋の四代飯田新七は、「染織物及刺繍各種」で受賞した。祖業の呉服商を継承しながらも、海外との直接取引を開始し、世界の要地に支店を設け、染織刺繍品の販売に勉めていること、今回の出品は日本の技工の真価を発揮しており、その功績が顕著であることが受賞理由だった。第四回でも飯田は刺繍と友禅染で受賞しているが、この第五回では単に技工に優れているだけでなく、海外貿易に尽力していることが評価されている（『染織鑑』）。髙島屋は明治三三年には、横浜貿易店を開店し、横浜商館の貿易商を介さない直輸出を進めていく（『髙島屋一五〇年史』）。

第六部の受賞者たち

このように染織品で名誉賞金牌を受賞したのは、京都の京都織物株式会社と飯田新七（四代、髙島屋）のみだったが、続く名誉賞銀牌を第六部（染物・織物等）では、個人・企業・組合を合わせて一八件が受賞した。うち京都からは、紫野（むらさきの）織物合資会社（九重繻子各種）・京都綿子（めんネ）ル株式会社（捺染（なっせん）綿ネル各種）・堀川新三郎（織布捺染各種）・西村總左衛門（刺繍および友禅染各種）が入った。

紫野織物合資会社は、「株式会社伊藤忠商店」の前身の一つである「［紅］（かくべに）伊藤京店」の主力商品「九重染」を製造していた。ちなみに大阪の「（紅）（まるべに）伊藤本店」も「絹着尺物各種」が一等賞牌、伊藤京店の「羽二重（はぶたえ）黒紋付」が二等賞牌を受賞している（後掲一九〇頁）。

これまでの内国勧業博覧会で京都は美術織物で高評を得て、多くの上位入賞者を輩出してきたが、千總一二代の西村總左衛門の美術織物以外は、近代型の工場で量産される製品で、捺染で受賞した京都綿子ル株式会社と堀川新三郎は機械の導入が評価された。京都綿子ル株式会社（明治二八年一二月創立、明治三一年操業）が扱う「綿ネル」とは、綿に起毛をかけた織物のことで、「ネル」とはフランネル（柔らかく軽い毛織物）の略称である（後掲一四三頁）。

他に第六部で名誉賞銀牌を得た群馬・栃木・福井・石川・富山・東京・愛知・大阪・北海道からの受賞者も、機械工場生産や海外輸出に貢献したものだった（『染織鑑』）。

京都染織品の評価

ところで、京都から出品した染織品全体については、どのように評価がなされていたのだろうか。まず、西陣織については、

> 柄合に於ては斬新なるものなきに非ざれども製作の全部を通じて論ずれば或は需用者は彼を歓迎して踈（うと）きことなからんかを疑ふ
>
> （『染織鑑』五頁）

とあり、柄は斬新なものがないこともないが、全般的に論じたなら、需用者は従来の柄を歓迎しており、柄に対しては疎いのではないかを疑う、と厳しい。

また、友禅染については、

> 近来当業者が配色の等閑に附す可からざるを自覚せし者多く従て大に其面目を改めし者尠（すく）なからず、然（しか）れども漫然欧洲の図案配色を模倣せし結果其製品拙劣にして且つ使用の途に苦しむ可きものある
>
> （同前、一〇頁）

とあり、当業者が配色をなおざりにせず、自覚している者が多く、大いに改善する者が少なくない。しかし、漫然とヨーロッパの図案や配色を模倣した結果、その製品はつたなく、かつ使用の方法に苦しむものがある、と酷評されている。西陣織でも友禅染でも、どちらも図案が問題になっている。

内国勧業博覧会では、当初、染織品については美術織物が上位に入選していた。また、美術織物は万国博への出品と海外の要人たちへの贈答品を通じて、メイド・イン・ジャパンの良さをアピールし、海外貿易の道を開こうとするものだった。しかし、第三回・第四回と重ねるごとに、少しずつ商品としての評価基準が入り、この第五回では「美」や「技」よりも、国内外で売れる商品であることが第一の基準となった。そのため、品質や技術だけでなく、さらに「意匠（デザイン）」が重要になっていく。

デザイン開発と人材育成

友禅染図案の課題

明治二〇年代（一八八〇年代後半～九〇年代前半）には、内国勧業博覧会の第三回（明治二三年〈一九九〇〉）・第四回（明治二八年）の際、意匠（デザイン）の問題が徐々にクローズアップされるようになった。明治三〇年代に入っても、第五回博覧会（明治三六年）で、友禅染の図案や色は、まだヨーロッパの真似の域といわれ、西陣も友禅染も意匠の問題を解決できずにいた（『第五回内国勧業博覧会紀念　染織鑑』）。

とはいえ、友禅染の関係者が改善を怠っていたわけではない。先に紹介したように、明治二三年開催の第三回内国勧業博覧会の出品に向けて、京都美術協会が設立され、会員から図案募集を行なって陳列会を開催した。翌年には髙島屋が、友禅下絵を手がけた画家たちへの懸賞募集を行ない、これらの動きに触発され、明治二五年には、懸賞図案の募集品の授与を目的に友禅染業者の有志らが「友禅図案会」を結成した。

なお、明治も半ばになると、美術工芸品や産業製品をつくるためのアイデアを描いた「下絵」を指していた「図案」という用語は、「デザイン」とも呼ばれるようになり、製品を決める重要な要素となっていた（岡達也・加茂瑞穂編『近代京都と染織図案三　図案家の登場』）。この頃には「意匠」と「図案」は「デザイン」と同じように使われるようになるが、とくに染織工芸品の場合、「下絵」を「図案」と呼んでいた。

友禅図案会から友禅協会へ

友禅図案会は、明治三〇年に「友禅協会」と改称した。明治三九年に改訂された規則によると、事務所を京都染物同業組合（京都染業組合の後継）に置き、同業者と共進会を設置し、図案を広く内外より募集、需要者の嗜好に応じ、殖産の発達に増進することを目的とした。

友禅協会は創立二〇周年を迎えた明治四四年までに三七回の懸賞募集を行ない、同年には紀念式を平安神宮、功労者表彰式を祇園中村楼で開催した。表彰者は広岡伊兵衛・富岡栄七・内藤友次郎・吉田忠三郎・宮井傳兵衛・岡島卯三郎・吉岡宗治郎・小島彌七の八名だった。なお、この時に渡された感謝状では、会の名称は「友禅図案協会」となっている（村上文芽『近代友禅史』）。

明治初期にはそれまで職工が描いていた友禅の下絵を描くことを良しとしなかった京都画壇の画家たちも、この頃には積極的に図案を描くようになり、一方、友禅染業者でも画工に対し、消費者の好みに合うような図案を求めた。画家と画工が切磋琢磨し、やがて図案家が登場するようになる。

京都高等工芸学校の創設

染業組合が府の補助を受けて運営していた京都染工講習所は、明治一九年（一八八六）に新しい技術者を養成するために設立された。稲畑勝太郎（いなばたかつたろう）・三田忠兵衛・高松長四郎ら留学経験者が教師となり、化学染料の使用を中心に講習していた。

明治二四年からは市の補助を受け、その後、二七年には市立の京都市染織学校となり（京都市編『京都の歴史』8）、翌年には釜座校舎（上京区釜座通椹木町）が開校した（洛陽工業高等学校を経て、現京都工学院高等学校）。

さらなる高度技術やデザインを求め、それらに対応できる人材を育成するため、京都では内貴甚三郎（ないきじんざぶろう）市長をはじめ有力者らが、工芸に関する官立学校設立を国に請願する。明治三一年、貴族院と衆議院の両院で「美術及学理を応用すへき工芸即ち染織、陶磁、髹漆（漆塗）等の技術を練習せしむる学校」を「美術工芸の最も盛んなる地」である京都に設置することが決議され、明治三五年に京都高等工芸学校（現京都工芸繊維大学）は開校する。

東京高等工業学校（東京工業大学を経て、現東京科学大学）・大阪高等工業学校（現大阪大学工学部）に次ぐ官立の第三高等工業学校で、近代工業に重点を置く東京・大阪とは違い、地域産業に根ざした「美術工芸」の実業教育を特色とし、京都の伝統工芸の近代化を理論的に技術的に支援することを目的とする高等工芸学校だった。開校時には色染科と図案科、一年遅れで機織科がスタートした（京都工芸繊維大学百周年事業委員会『京都工芸繊維大学百年史』）。

初代校長の中澤岩太

京都高等工芸学校初代校長に就任したのは、中澤岩太（一八五八～一九四三）だった。中澤は、福井藩士中澤甚兵衛の長男として生まれ、藩校日新館でアメリカ人のお雇い外国人ウィリアム・エリオット・グリフィス（一八四三～一九二八）の物理・化学の講義を聴講した。明治四年にグリフィスに同行して上京、東京開成学校化学科（のち東京帝国大学、旧東京大学理学部）で学んだ。卒業後は同校の助教となり、日本の工芸の近代化に貢献したドイツ人化学者ゴットフリード・ワグネル（一八三一～九二）のもとで窯業の研究を続けた。ワグネルは、明治初期に京都舎密局や府立医学校で指導後、東京帝国大学や東京職工学校（東京高等工業学校の前身）で教鞭をとった人物だった。

中澤はベルリン大学への留学を経て、明治二〇年には帝国大学工科大学教授となり、三〇年には新設された京都帝国大学理工科大学の学長に就任した。その三年後に新設される第三高等工業学校（のち京都高等工芸学校）の創設委員となり、明治三三年の第五回パリ万国博覧会へ派遣された。この海外視察で中澤は多くの資料を購入し、それが教材として、京都の染織・工芸界に役立っていく（京都工芸繊維大学美術工芸資料館『学理と応用』『美術の教育／教育の美術』）。

洋画家浅井忠との出会い

中澤は、このパリ万国博で、明治を代表する洋画家の一人、浅井忠（東京美術学校教授、一八五六～一九〇七）と出会う。デザインの重要性を痛感した二人は意気投合し、中澤は浅井に新設校の図案科教授を要請した。中澤が京都高等工芸学校初代校長に就任すると、浅井を教授に招いた。

二人は学校教育のみならず、京都の工芸界でも活躍した。その例をあげてみよう。明治三八年に造営された東宮御所（現迎賓館赤坂離宮）東二之間の壁飾は、黒田清輝（東京美術学校教授）と片山東熊（宮内省東宮御所造営局技監）が計画し、制作を二代川島甚兵衛が担当した。二代甚兵衛は浅井に壁掛の原画を依頼し、その時、仲介したのが、中澤岩太だった。それが、「武士山狩図」で浅井が京都で書いた最大級の洋画作品だった（並木誠士・青木美保子編『京都　近代美術工芸のネットワーク』）。

また、図案に注力した中澤は明治三一年に結成された「京都図案会」（当初は「図案精英会」）の審査長を務めた。同会の総裁には金子堅太郎が就任した。同じ頃に大隈重信を総裁とする「日本図案会」も東京で発足している（同前）。

このように日本全体で図案への関心が高まっていたことを反映し、京都高等工芸学校では図案科が置かれたが、この他に色染科と機織科と合わせて三学科を設置した。これまで図案の重要性について述べてきたが、染色や織物の技術向上も喫緊の課題で、染色技術は輸入の化学染料と、また、織物技術も輸入のジャカード機や力織機との闘いだった。さらに後述するように、明治後半には染色にも輸入の捺染機が導入され始める。輸入機械は高額なばかりではなく、使いこなすには高収入の外国人技術者も必要だったため、機械を使いこなし、そこから日本製を生み出すことが求められていた。

図案と教育と実践

ところで、明治期の京都で図案教育を行なっていたのは、京都府画学校（明治一三年に開校）を前身とする京都美術工芸学校（略称「美工」）と京都高等工芸学校（略称「高工」）だった。

美工の工芸図案科（のち図案科）では、画学校からの教育を引き継ぎ、日本画教育を基礎に置いた。なお、染織や工芸に関わる人たちが多い京都では、小学校でも日本画教育が重視されていた。図案科で教鞭をとった神坂雪佳（一八六六〜一九四二）は教育にとどまることなく、美術工芸、図案に関する研究会の佳美会や競美会を設立し、京都の工芸界に貢献した。先の京都美術協会の図案募集にも神坂らの指導を受けた美工の学生の名前が見える（前掲『近代友禅史』）。

一方、高工の図案科では図案製作に必要な技術よりも、材料や製造に関する知識の取得を含めた体系的な教育が行なわれた。初代教授には浅井忠と建築家の武田五一が就任した。美工の卒業生は、百貨店の意匠部や図案部へ進む者が多く、高工の卒業生にもこれらの進路へ進む者もいたが、主に実業学校の教員や公設試験場などで活躍した（前掲『近代京都と染織図案三　図案家の登場』）。

　後述する丸紅商店京都支店は、明治後期に販売から製造に乗り出すが、最初に手がけた黒紋付染の技法について鶴巻鶴一（大正七年、高工二代校長に就任）から指導を受けて完成させている（丸紅株式会社社史編纂室編『丸紅前史』）。また、鶴巻は、途絶えてしまっていた奈良時代に行なわれていた臈纈（ろうけち）というロウで染めたくない部分を防染する染色技法を、ろうけつ染めとして復活させている（『学理と応用』）。このように二つの学校はそれぞれの分野で特性を発揮し、京都の染織・工芸界に貢献していく。

西陣と日露戦争

変遷する西陣の組合

明治前半には西陣産地は京都府の指導のもと、「西陣物産会社」（明治二年）、「西陣織物会所」（明治一〇年）を組織した。また、国（農商務省）が発令した同業組合準則（明治一七年）に基づき、「西陣織物業組合」（明治一八年）を結成した。組合員には組合から発行される証紙の貼付、粗製濫造や低下価格競争の防止、仲買人の不当な値引きの通告、毎月の製造品と販売品の報告などが求められた。

しかし、明治二二年（一八八九）に大日本帝国憲法が発布されると、同業組合をめぐる環境は大きく変わっていく。それまで同業組合が私的に担っていた奉公人や職人の取り締まり機能が、第二二条の「居住移転の自由」さらに「営業の自由」に反するものとなり、効力を失う（藤田貞一郎『近代日本同業組合史論』）。そのため、明治二四年九月、第三代京都府知事の北垣国道（きたがきくにみち）は、農商務省大臣へ府県で独自に取締規則を発布できるよう稟請（上役へ申請すること）した。

これを受けて、農商務省は各知事に対して、同業組合準則に寄らずに取締規則を設けることを認め、京都府は翌明治二五年七月、京都府令第四六号同業組合取締規則を発令した。その目的は営業者の工作の弊害を矯正し、営業の秩序を整理することとあるが（第二条）、組合が知事の認可を受けるべき規約（第五条、一二項目）のなかには、「雇主ト職工ニ関スル規程」「授業師ト徒弟ニ関スル規程」「賃業者ニ関スル規程」のほか、違約者の処分方法、加入者及退会者の規程などが盛り込まれた（前田達三編『西陣織物館記』）。

この府令第四六号に基づき、西陣織物業組合は解散し、明治二五年一〇月、西陣織物製造組合が設立された。組合は紋織・生紋羽二重・繻子・縮緬・博多・天鵞絨・木綿の七つの織物製造部（生紋と羽二重が統合）、織物模様工部、整理部の三部で組織された。製造業者のみならず、模様業者（図案の作成）・整理業者（生地の加工）が加わった。そして、明治二七、二八年の日清戦争を経て、明治二九年には撚糸業者やその関連業者も加わり、その規模は拡大していった（同前）。

西陣織物同業組合の発足

明治三〇年（一八九七）四月、重要輸出品同業組合法が成立し、組合の法人化が求められることになった。そのため、西陣織物製造組合は解散するが、翌三一年一〇月には「西陣織物同業組合」が認可を受けて発足した。その二年後、明治三三年には、三〇年に成立した法律を改正した重要物産同業組合法の施行に伴い、一部定款を変更した。

この重要輸出品同業組合法とその改正法である重要物産同業組合法は、名称どおりに粗製濫造の輸出品を防ぐことが主眼にあったが、京都府知事の北垣国道が、農商務省大臣へ稟請し、京都府令第四六号同業組合取締規則にある職工や奉公人、賃業者の取締に関する条項が国のレベルでも盛り込まれた（藤田貞一郎『近代日本同業組合史論』）。

発足した西陣織物同業組合は、京都市と愛宕郡・葛野郡の一一村を区域とし、織物・紋様・撚糸・筬（緯糸を打ち込む織機の部品）・綜絖（経糸を上下させる織機の部品）の各業者をもって組織された。明治三五年には、紋織・生紋羽二重・繻子・博多・天鵞絨・絹着尺・木綿・綿ネル・撚織・紋様・筬・綜絖・紋髪の一三部となった（佐々木信三郎『西陣史』）。新設の紋髪部には、ジャカード機（自動紋織機）で使用する紋紙に穴をあける業者や、製作する業者たちが新たに加わっており、紋織には特殊な織物を除くと、ジャカード機が使われるようになっていたことがうかがえる。

西陣模範工場とジャカード機の小型化

明治三五年、農商務省の後援を受け、稲田卯八・鳥居栄太郎・伊達虎一・田畑庄三郎・山田九一郎・喜多川平八・伊澤信三郎らが「西陣模範工場」（資本金三万五〇〇〇円）を設立した。農商務省は両面天鵞絨織機一〇台・毛切整器など七台を貸与し、さらに写真指図器も備え、新領域へ挑戦することを求めた。しかし、まだ試織のものを経営の軸にすることは難しく、明治三九年にはフランス製の力織機三〇台を購入し、中国やインドなどに向けた日華緞子を製造して輸出した。京都織物株式会社に次いで、力織機による紋織物生産の成功例となった。

西陣模範工場に参加した伊達虎一は、明治三七年に有志六人でジャカード機のなかでも小型のヴァンサンジー機を輸入する萬産社を興し、伊澤信三郎は輸入取扱では満足せず、苦心の末、ヴァンサンジー機の国産化に成功した。また、鳥居精三郎は明治三九年に、ヴァンサンジー機よりもさらに小型化したヴェルドール機の輸入販売を行なうヴェルドール社を興した。このように明治後半にはジャカード機の改良が進み、高度な紋織の技術が、機械によって代替されることになっていく（前掲『西陣史』）。

このように京都では明治二三年に琵琶湖疏水が完成し、翌年にはその水を活用して蹴上発電所から電気が供給されるようになり、工業化が一段と進んでいく。

日露戦争の開戦と影響

明治三七年（一九〇四）二月、朝鮮と南満洲（中国東北部）の支配をめぐって日露戦争が始まった。政府は多額の戦費調達のための財源として、明治三七年と翌三八年に二度にわたって「非常特別税」を設定した（後述）。しかし、この非常特別税では二億円余しか確保できず、結局、海外からの八億円の外債で、戦争を遂行できた。その時、海外からの資金調達に活躍したのが、特許や意匠の登録の制度に尽力した高橋是清（当時は日本銀行副総裁）だった（前掲一〇四頁）。

日露戦争の開戦が西陣にもたらした影響を、京都府の「日露時局記事」から見ると、

> 三十六年下半期ノ如キハ、日露交渉問題ノ影響ヲ受ケ、仕入注文ハ頗ル少ナク、（中略）三十七年上半期ハ開戦以来勤倹ノ声到ル所ニ波響シ、加フルニ織物ニ非常特別税ヲ課セラルヽニ至リシ結果、西陣生産ノ重ナル絹織物需要ハ、一時殆ド跡ヲ絶ツニ至リ、逐次廃業若クハ休業ヲナスモノ六百余人、職工ノ業ヲ執ラサルモノ八千、休機ノ数一萬ニ及ヒタリ
>
> （京都府立総合資料館編『京都府百年の資料二　商工編』三七八頁）

とある。戦争前から国内の注文が減り、開戦すると倹約が叫ばれ、さらに非常特別税が課せられるということで、西陣で主に生産されている絹織物の需要は一時、ほとんどなくなり、廃業や休業する者六〇〇人余、職工の仕事ができない者八〇〇〇人、休機数は一万にまでなったという。生産額も開戦前の明治三五年が二〇三七万六五六五円、三六年には一四三七万二二〇〇円と減り、開戦した明治三七年には

八七五万八五一円にまで落ち込み、路頭に迷う従業者たちに、「西陣救済会」が粥を施行したほどだった（同前、三七九頁）。

織物消費税の導入

第一次桂太郎内閣の設定した「非常特別税」はまず、明治三七年に地租・営業税・所得税・酒造税など一一税目を引き上げ、第一次として毛織物消費税・石油消費税を新設、タバコの専売を始めた。翌年の第二次で、相続税・通行税・織物消費税の設定と塩が専売されるようになる。新たな織物消費税は、第一次で設定された毛織物消費税の課税範囲をすべての織物へと拡大したものだった。織物消費税導入による商売への影響を恐れ、反対をという声もあったが、非常特別税成立時には、非常戦時の経費（第一条）、平和克復の翌年末限りで廃止（第七条）が明記されていたので、反対運動は大きくならなかった。

そして、明治三八年二月一日から実施された。織物消費税は、織物の査定を行なう法定製造場で、製造者から引取人に渡された時に、税務局が標準価格を決め、その税額（価格の一〇％）を引取人が納付するしくみだった。西陣織物同業組合事務所の二階が、上京税務局西陣出張所となった。織物の標準価格をめぐっては、税務局員と引取人（主に仲買商）との意見がしばしば衝突した。そのため、第一次標準査定価格が決定したのは、本来織物消費税の廃止が予定されていた明治三九年末のことである。

日露戦争後の廃税運動

明治三八年五月、戦力が限界に来ていた日本は、日本海海戦で勝利を収めたところで、アメリカのルーズベルト大統領に講和の斡旋を依頼し、九月のポーツマス条約調印で終結した。日本軍の戦死者約八万四〇〇〇人、戦傷者一四万三〇〇〇人、戦費は一九億八四〇〇万円ともいわれる（「日露戦争」『国史大辞典』）。

この条約では賠償金が獲得できず、とくに戦時の外債（外国からの借金）の元利支払い、および戦後経営の財源調達の必要性から、政府は明治三九年三月、第二二回帝国議会で、税制の整理を約束して、非常特別税の第一条・二七条の削除と継続について承認を得た。戦争を勝ち抜くため調達した外債の利子の支払い問題が大きな影をおとした。

その後、明治四一年一月、第二四回帝国議会に第一次租税整理案が提出され、酒造税、ビール税、アルコールおよびアルコール含有飲料税、砂糖消費税の増徴が図られ、この税種の非常特別税は廃止となった。しかし、この時、三大悪税と呼ばれた塩税、通行税、織物消費税は廃止されなかった。そのため同年一二月に第二五回が帝国議会招集されると、三大悪税廃止運動が活発化していく。

明治四二年二月一日、全国各地の織物商工業者三七団体が東京神田錦輝館に集合し、大日本織物連合会大会を開催した。西陣織物同業組合からは組長の伊達虎一が出席した。貴衆両院への請願を決議し、各地での反対演説会の開催などが決まった。さらに七日には、神田錦輝館で三大悪税廃止大会を開催し、野党の憲政本党の犬養毅（いぬかいつよし）らが熱弁をふるったが、与党の立憲政友会の勢力が強く、野党でも廃止に賛成する議員は少なかった（前掲『西陣織物館記』）。

西陣の葬列デモ

この流れを受け、西陣織物同業組合と有志主催で二月二三日、「織物最大悪税廃止の提灯行列」を行う。広告文には午後五時、妙蓮寺（寺之内通大宮東入）境内に集合、普段織物を着ている人なら誰でも奮（ふる）って集合、提灯は各自あり合わせのものを携帯（なるべく白無地、紅提灯は不可）、行列中は楽隊に合わせ「最大悪税　織物悪税　悪税撤廃」を大声で連呼とある。

当日の夕方には妙蓮寺に五〇〇〇人ほどが集まった。楽隊を先頭に「悪税撤廃」を連呼し、白装束

（当時の喪服）の人々が棺桶を担いで西陣中を練り歩く姿は、「葬列デモ」と呼ばれた。税務署裏に至ると「政府若シ反省セズ依然トシテ来ル四十三年度ニ於テモ猶織物税ヲ撤廃セザレバ我等ハ断ジテ納税セザルベシ」と急遽決議した（『京都府百年の資料二　商工編』三八〇頁）。

しかし三月九日、衆議院予算委員会で三税廃止案は否決された。翌日、東京で全国織物業者大会が開かれ、織物税全撤廃期成同盟会を結成し闘いは続くが、六月には大逆事件、八月には韓国併合など大きな事件が続き、人々の廃税運動への関心も薄れていく。

翌明治四三年一月、第二六回議会では、第二次租税整理案によって残りの諸税が改正され、非常特別税の名称は消えることとなったが、織物については三月に織物消費税法が制定されて、恒常的な税となった。その後、廃税運動は大正デモクラシーの盛り上がりのなかで一時は高まったものの、アジア太平洋戦争の敗戦後まで続く。

占領期にアメリカの財政学者カール・シャウプが、戦費調達の名目で複雑化した間接税を整理すべく提案した「シャウプ勧告」を受け、昭和二五年（一九五〇）に廃止される。

綿ネルと機械捺染

綿ネルと五二会運動

高級な絹の紋織物を得意とした西陣でも、明治後半には量産品の綿ネルへの挑戦が本格化していく。前節の組合の法人化のところで、明治三一年（一八九八）に西陣織物同業組合が認可を受けて発足したことを述べた。その西陣織物同業組合内にも、明治三五年段階で「綿ネル」部があったことが確認できる（佐々木信三郎『西陣史』一三七頁）。綿ネルは毛織物のフランネルに類似し、生地の表面を起毛した加工綿布で最初は軍服に採用され、その後、堅牢で廉価な防寒衣料として庶民のシャツや下着などに用いられた。

明治初年に和歌山藩のもとで紀州ネルが創業し、すでに明治一〇年代には京都西陣、大阪、東京などにも生産工場ができていた。初期の紀州ネルは、手作業で生産されていたため産額が少なく、品質改善の余地も多かった。

その克服の可能性に、西陣で目をつけたのは、機業家の藤村岩次郎、木綿卸商の伊吹平助、近江商人系の阿部市郎兵衛らであった。彼らは明治一八年（一八八五）頃に、西陣織物盛擴組を組織し、西陣ネルを製造したが、間もなく解散した。その後に、西陣機業会社、綿糸織物会社、柳池織物会社なども設立されたが、これらも長くは続かなかった。

初の対外戦争となった日清戦争（明治二七、二八年）に勝利すると、国内では起業ブームが到来する（第二次企業勃興）。先の三つの会社に関係した問屋や企業家は、前田正名（まえだまさな）が主導した五二会運動に結集し、明治二八年八月に五二会が本部を京都に置くと、そこに「五二会綿子ル（めんネル）部」を設けた。ここが母体となり、一二月に五二会京都綿子ル株式会社（資本金五〇万円）が創設された。五二会は、伝統的産品の品質や生産性の向上と輸出を目指す品評会で、「五」は織物・陶磁器・漆器・銅器・製糸、「二」は彫刻・敷物を指す。

京都綿子ル株式会社

五二会京都綿子ル株式会社では、大阪の天満紡績株式会社の工場長の小林銀三を技術長に迎えて工場建設に着手、明治三一年二月に操業を開始した。織機三〇〇台で無地ネルと縞（しま）ネルを生産し、国内初の機械起毛を始めた。さらに、当時、盛んに輸入されていたイタリア製の捺染綿（色柄をプリントした綿地）の輸入を阻止すべしと、京都では先の堀川新三郎の捺染工場に次いで、機械捺染にも着手する。なお、「捺染」という言葉の詳細は後述する（一四四頁）。

この年に、京都綿子ル株式会社と改称し、外国人技術者たちを招聘して銅ローラー手彫法を取得した。生地に模様をつけるためには、銅ローラーへ模様を彫ることが必要だった。さらに『綿子ル新報』の発刊、懸賞図案募集など、技術革新からデザインまで一貫した生産体制をとった（明石厚明『日本機械捺染史』、亀井大樹「日本の工業化初期における繊維企業の統合政策」「京都経済危機と機械捺染業の勃興」）。

日露戦争開戦の一か月前、明治三七年正月の『京都日出新聞』に掲載された「京都営業納税者見立鑑」によると、京都における納税額のトップが京都綿子ル株式会社の二〇九八円、二位が京都織物株式会社の二〇八四円、三位以下は七〇〇円台になっている。京都でも工場制の大規模な機械工場が大きな利益を生んでいた（『京都新聞百年史』）。

明治四〇年には更紗（木綿地に鳥獣・草花などの模様を染めたもの）、シルケット（綿糸・綿布の表面にルク（絹）のような光沢をだす加工をしたもの）、綿繻子、本繻子など、綿ネル以外の織物の生産を打ち出し、翌年には社名を日本製布株式会社と変更する。しかし、綿ネルから多種の織物生産への事業拡大に失敗し、明治四二年末に破綻した（前掲『日本機械捺染史』、前掲「京都経済危機と機械捺染業の勃興」）。

このように京都綿子ル株式会社が急成長したのは、製織や起毛工程を機械化したことはもとより、染色工程に捺染機を導入し、優れたデザインの生地を大量生産できたことが大きい。明治前半に開発された型友禅染は、モスリン地（動物の毛をよく梳いた梳毛糸を平織した織物地）や絹地に展開されたが、手描きの友禅より手仕事は少ないが、それでも手作業で色の数だけ型紙が必要だった。その型友禅を追いかけ、明治後半には染色方法にも動力機械が導入され、機械捺染の時代に入っていく（前掲『日本機械捺染史』）。

「捺染」という用語

ところで、「捺染」という用語は、誰がいつ名づけたのかは不明で、明治一三年に京都府がドイツへ派遣した三田忠兵衛が帰国する明治一七年頃までは「更紗染」と呼ばれていた。明治二五年頃には工業学校の授業で「Textile Printing」「Zeugdruck」などの訳語に「捺染」が使われていた。もともとはローラー捺染を指すものだったが、圧力が加わらない型紙法や刷毛刷法も学者や業者が一括したため、狭義には「加圧を要する局部染色模様現出法」、広義には「有らゆる局部的染色模様現出法」と定義している（前掲『日本機械捺染史』）。

この「ローラー捺染機」の発端は、一七八三年にスコットランドのトマス・ベルが発明した凹型円筒捺染機で、一八〇五年にジェームス・フルトンが凹型彫刻銅筒を結合した輪転捺染機を完成し、改良が進んでいく。それは、染めたい模様をローラーに刻る形式だった。

機械捺染機の導入

機械捺染機の導入は、日本では堀川新三郎がイギリスに渡って購入したローラー捺染機で、明治三一年四月にモスリンと綿ネルを捺染したのが端緒とされる。堀川はモスリン地で最初に型友禅を成功させた人物である（前掲六四頁）。次いで京都では翌年九月には、五二会京都綿子ル株式会社がフランス製捺染機を購入し、綿ネルに捺染した（前掲一四三頁、前掲『日本機械捺染史』）。この時に京都綿子ルが購入した捺染機は、明治二三年に京都織物株式会社を退職後、京都で稲畑商店（当初は稲畑染料店、現稲畑産業）を創業した稲畑勝太郎を通じて輸入したものだった（同前）。

稲畑は染料のみならず、一八九五年にフランスのルミエール兄弟が発明したシネマトグラフ（映画の撮影・映写・現像を兼ねた機械）を日本で最初に輸入している。明治三〇年には稲畑染工場（大阪府西成郡豊崎村（現大阪市北区））を創立して社長となり、稲畑商店を大阪へ移し、この後は大阪で活躍する（高梨光司編『稲畑勝太郎君伝』）。

また、京都綿子ルよりも半年早く、明治三二年三月末には、大阪の千草安兵衛が、吉川喜作（元堀川新三郎工場の捺染技師）を伴い、渡英して購入した捺染機で吉川の指導のもと綿ネルに捺染を開始した。この吉川は独立して、明治三三年九月、堺市で綿ネルを染め始めた。同じ頃、和歌山の紀州綿布精工株

表4　京都府（のちの京都市域分）下における職工一〇〇人以上の工場（明治四二年）

工場名	所在地（一部を省略）	製品	職工数	創業年
鐘淵紡績株式会社京都支店工場	愛宕郡田中村字高野川原	絹糸・紬糸	一四三三	明治三九年
日本製布株式会社	葛野郡朱雀野村字壬生	捺染綿ネル・綿糸	一三六六	明治三一年
帝国製糸株式会社	上京区岡崎町字円照地	撚糸	七八三	明治四〇年
京都織物株式会社	上京区吉田町	絹織物	七七八	明治二五年
絹糸紡績株式会社上京絹糸工場	上京区東竹屋町	絹糸	五三九	明治三五年
大阪紡績株式会社伏見工場	紀伊郡伏見町字北恵美酒	撚糸	四八五	明治三八年
日本製布株式会社西陣工場	上京区近衛殿表町	綿ネル生地	三八七	明治三六年
絹糸紡績株式会社下京絹糸工場	下京区西九条町	絹糸	三四九	明治三五年
京都織物株式会社紫野工場	愛宕郡大宮村字紫竹大門	繻子	三一二	明治三〇年
合資株式工場	上京区等持院町	新聞紙（印刷）	一五七	明治一二年
西陣撚糸再整株式会社	上京区上天神町	生糸撚糸・織物仕上げ	一四五	明治二七年
島津製作所	上京区船入町	理化学機器・博物標本模型	一三四	明治八年
松風陶器合資株式会社	紀伊郡深草村大字福稲	陶器・磁器	一二五	明治三九年
株式日本撚糸会社	上京区森ノ本町	生糸撚糸	一二四	明治三八年
野村撚糸工場	上京区岡崎町字円照地	撚糸	一二一	明治三六年
日吉合資工場	下京区興善町	紙パルプ	一一六	明治三五年
梅津製紙株式会社	葛野郡梅津村西梅津	洋紙	一〇六	明治三九年
川島織物所	上京区竪富田町	絹織物・生糸撚糸	一〇二	明治四一年

（出典）農商務省工務局工務課編『工場通覧』（明治四二年）末調査、一九一一年刊行）をもとに作成。
（注）足利健亮編『京都歴史アトラス』（中央公論社、一九九四年、一一三頁）を参考とした。ただし、創業年にはこの時点における創業年、株式会社化、あるいは工業化した年を含む。「株式日本撚糸会社」は原本のママ。

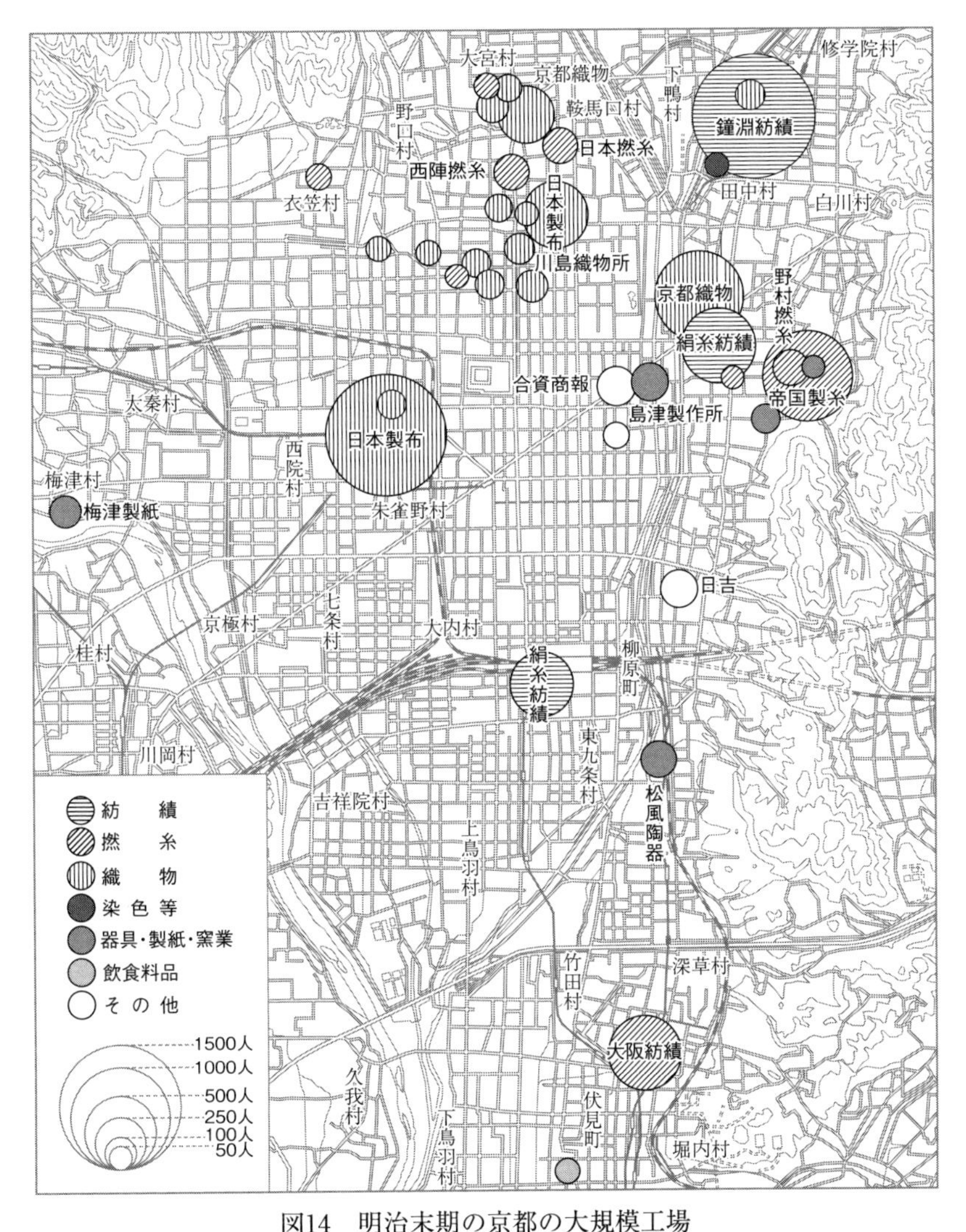

図14　明治末期の京都の大規模工場

（出典）　足利健亮『京都歴史アトラス』（中央公論社，1994年）をもとに作成.

式会社が、土橋房之助をイギリスへ派遣して捺染機を購入し、三三年八月に試運転を開始した。これらの工場が機械捺染を導入したが、機械はもとより、部品もすべてを輸入しなければならなかった。

機械捺染機の国産化

このように、日本での機械捺染は明治三一年から輸入機械によって始まるが、三五年には綿ネルの本場の和歌山では、輸入機械をもとに岡崎鉄工所が捺染機を製作した。京都でも、明治三五年に誕生した合資会社都染工場が、英国製を据え付けたが、これを模倣した捺染機を大阪の神谷鉄工所に依頼し、翌年から着尺綿布の中形（主に浴衣）や綿ネルを染めた。

ローラー彫刻も、最初は外国人技師を招いて彫ってもらっていたが、彼らが日本人の彫刻手や職工を養成したことにより、明治四〇年までに京都・大阪・和歌山のほかに、名古屋・東京・徳島・浜松に機械捺染の工場が誕生する。明治末までに、全国で四四の機械捺染工場ができたが、倒産や吸収合併により減少し、明治末年に稼働していたのは三二工場（和歌山一三工場、京都一〇工場、東京四工場、浜松・大阪各二工場、名古屋一工場）で、和歌山と京都が主力だった。

これらの工場では、モスリンや綿に捺染機械を使用していたが、最初に絹地に試みたのは京都の安田熊工場で、先代が廣瀬治助の徒弟だった。羽二重地に使用してみたものの、絹布の友禅染は高級品で、大量生産を求められるものではなく、変幻自在な意匠（デザイン）はローラー彫刻では表現しづらく、結局、モスリン友禅に転じた（前掲『日本機械捺染史』）。

明治末期の大規模工場

このように明治後半には京都の染織業においても動力機械を備えた近代的な工場も多数登場してくる。明治四二年（一九〇九）に、京都で一〇〇人以上の職工を雇用する工場をあげたのが一四六・一四七頁の表4と図14である。一八社のうち、島津製作所（理化学器械・博物標本模型）のみが先端産業、合資株式会社（新聞紙・印刷）・日吉合資工場（紙パルプ）・梅津製紙株式会社（洋紙）の三社は印刷に関連する工場だった。残りの、松風陶器合資会社（陶器・磁器）を除く一三社は、生糸・撚糸・絹糸・織物など繊維に関する工場だった。

鐘淵紡績株式会社京都支店工場と、先の日本製布株式会社、京都織物株式会社も、本工場と紫野工場を合わせると職工が一〇〇〇人を超えていた。創業年は島津製作所が明治八年で最も古いが、多くの工場は一八九〇年代（明治二三～三二年）～一九〇〇年代（明治三三～四二年）である。琵琶湖疏水の建設による水力発電の開始（明治二四年）や日清戦争（明治二七、二八年）・日露戦争（明治三七、三八年）を経て、京都の工業も新たなステージへと進んでいく（足利健亮編『京都歴史アトラス』）。

台頭する京染と丹後ちりめん

大正期

第一次世界大戦のインパクト

明治天皇崩御から大正天皇即位大礼へ

明治四五年（一九一二）七月三〇日に明治天皇が崩御し、皇太子嘉仁親王（のちの大正天皇）が践祚（即位）、同日に大正と元号が改められた。当時の日本は、明治三七年二月の開戦から八か月、多額の戦費を要した日露戦争にいちおう勝利したものの賠償金が獲得できず、経済も戦後恐慌（明治四〇年恐慌・日露戦後恐慌）が日本を襲い、不況から脱却できないままだった。その一方で、戦後は戦費として調達した外債の利払い、ロシアから譲渡された満州での鉄道事業（明治三九年、南満州鉄道の設立）、さらに韓国併合（明治四三年）などに、多額の費用が必要になっていた。そのような厳しい財政状況のなかで、社会主義者らを弾圧した、いわゆる大逆事件（明治四三年）も起こった。

財政にも政治にも暗雲がかかるなか、新天皇の即位大礼の儀式は当初、大正三年（一九一四）一一月に京都御所で行なわれる予定であったが、大正三年四月九日に昭憲皇太后（一条美子）の逝去もあり、一年の延期が決まった。

大正三年八月二三日には、次に述べるように第一次世界大戦に参戦し、翌四年一一月一〇日に即位大礼が挙行された。即位大礼を記念して「大典記念京都博覧会」（会場は岡崎公園など、一〇月一日〜一二月一九日）が開催され、八六万人が入場した。京都での開催ということで、工業館甲館では髙島屋呉服店、川島織物所、島津製作所（標本模型）、京都織物株式会社などの陳列が異彩を放ち、京都特有の染織の新流行品、西陣織物、友禅、刺繍、ちりめんなどがその美を競った。一方、工業館乙館には全国各府県の染織物がおのおの特有の長所を発揮して、絢爛豪華に陳列された。

全体で五五九五の出品者が四万三四四七点を出品し、名誉大賞が全体で三四（個人一五、企業一七、団体二）に授与された。京都府からの大賞受賞者は一四、そのうち染織品が半数を占め、飯田新七（髙島屋呉服店、染織物各種）、川島甚兵衛（川島織物所、織物各種）、矢代仁兵衛（御召各種）、井口瀧二郎（高栄会代表者、模様染各種）、京都織物株式会社（紋織各種）、西陣模範工場（唐錦・女丸帯・輸出向服地など）、鐘ケ淵紡績会社京都支社（紡績絹糸・紡績縮緬各種）が受賞した（以上、京都市役所『大典記念京都博覧会報告』）。

第一次世界大戦への参戦と影響

この博覧会の前年、ヨーロッパでは一九一四年（大正三）六月のサラエボ事件（オーストリア＝ハンガリー帝国皇位継承者夫妻暗殺事件）に端を発し、七月より四年三か月続く、ドイツ・オーストリアらの同盟国と、ロシア・フランス・イギリスら協商国との第一次世界大戦が始まった。日本は八月に大隈重信首相がイギリスの要請に応じて参戦した。

元老井上馨は第一次世界大戦が起こると、日露戦後から経済も政治も苦境に落ち込んでいた状況を脱せるとして、この戦争を大正新時代の「天祐」（天の助け）と述べた。開戦翌年には、当時、世界の工場だったヨーロッパが戦場となったため、それまで輸入に頼ってきた製品を国産化する動きが広がった。また、欧州諸国が押さえていた中国市場をはじめ、戦争が長期化するなかで欧州へも日本製が進出していく。

日本の国内総生産額は第一次世界大戦を経て開戦前の約三倍、貿易額は約四倍になり、日本経済は急成長を遂げた。多くの企業や工場が起こり、労働者や彼らを統括するサラリーマンも急増した。政治の世界でもいわゆる大正デモクラシー状況が起こり、労働運動や普通選挙運動も盛んになり、大衆社会の出現に向けた動きが活発化する。

好景気と服飾

好景気が訪れた当時の服飾の状況を、昭和初期に京都染物同業組合の事務局長をしていた西田復次郎が、まとめた「染物の沿革」に次のように記している。

欧州大戦も連合国側の勝利で終末を告げるや我国財界は一般に未曾有の好景気を現はし人心は浮調子となり施いては服飾の華美となって顕はれ業界亦驚く可き発展を示した。是を意匠色柄の変遷に見るも二年三年の油絵的の染色調より四、五両年間の花鳥模様色は茶色かローズ色となり五、六年の版画風模様色は俗に云ふ新橋色であったのが一たび大正七、八年の好況時代に入るや直に彼の豪壮栄華を誇った桃山慶長時代の模様を採り或は刺繍押箔などを加味せるものが多数に流行せられた

（一般財団法人京染会所蔵）

第一次世界大戦は大正七年に終結を迎えるが、その勝利が日本に未曽有の好景気をもたらし、人々の心は浮かれ調子となり、服飾も華美となって業界は驚くべき発展を示したという。これを意匠や色柄から見ると、大正二年、三年には油絵的な染色調、四、五年には花鳥模様は茶色かローズ色、五、六年の

版画風模様は新橋色（明るい緑がかった鮮やかな青色）だったのが、大正七、八年に好況になると、豊臣(とよとみ)秀吉(ひでよし)や徳川家康(とくがわいえやす)が活躍し、歴史上では最も豪華絢爛を競った桃山・慶長時代の模様が採用され、刺繍や金銀箔などを加飾したものが流行したという。

このように、それまでの地味な色合いや固定的な図柄が、第一次世界大戦の好景気で、豪華な模様に転じ、色や柄はますます重視されるようになり、大正三年から流行色の選定も始まる。明治後半には友禅図案を専門とする人たちも登場し、大正七、八年頃には図案家の団体もできてくる。従来は織物が使われた帯などの領域にも、染物が進出していき、京都染色業界の技術はさらに進歩し発達していく（西田復次郎「染物の沿革」、京都近代染織技術発達史編纂委員会著作・監修『京都近代染織技術発達史』）。

外国染料から国産染料へ

第一次世界大戦の開戦によって、ヨーロッパからの輸入が途絶え、最も大きな影響を受けたのが「染料」の問題だった。当時、世界の合成染料（化学染料）は九〇％がドイツで製造され、日本の輸入数量の八八％、価格で九〇％がドイツから供給されていた。そのため、開戦前の大正二年には染料の輸入量は一一一四万八〇〇〇斤、輸入総価格が八三二万三〇〇〇円だったが、大戦が起こると大正三年には輸入量七九三万八〇〇〇斤、同価格五六二万二〇〇〇円と両者とも減り、さらに大正四年には輸入量は三三六万四〇〇〇斤、同価格は四一四万一〇〇〇円と減少した。輸入量は開戦前の三分の一になり、一方、価格は半額程度に留まっていることから、市場での高騰がうかがえる（柴村羊五『日本化学技術史』）。

この染料の問題は京都の染織業にどのような影響を与えたのだろうか。

図15は、大正から昭和にかけて、京都における合成染料の使用状況を追ったものである。国産合成染

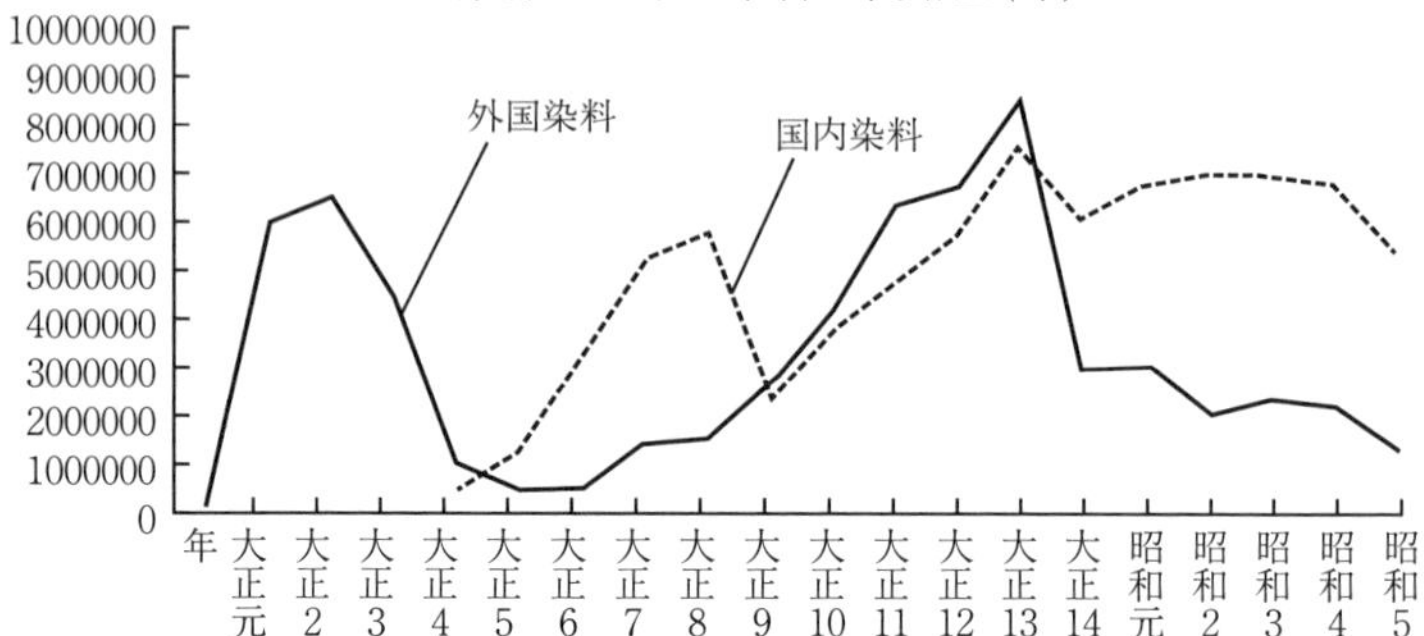

京都における染料の総額(円)

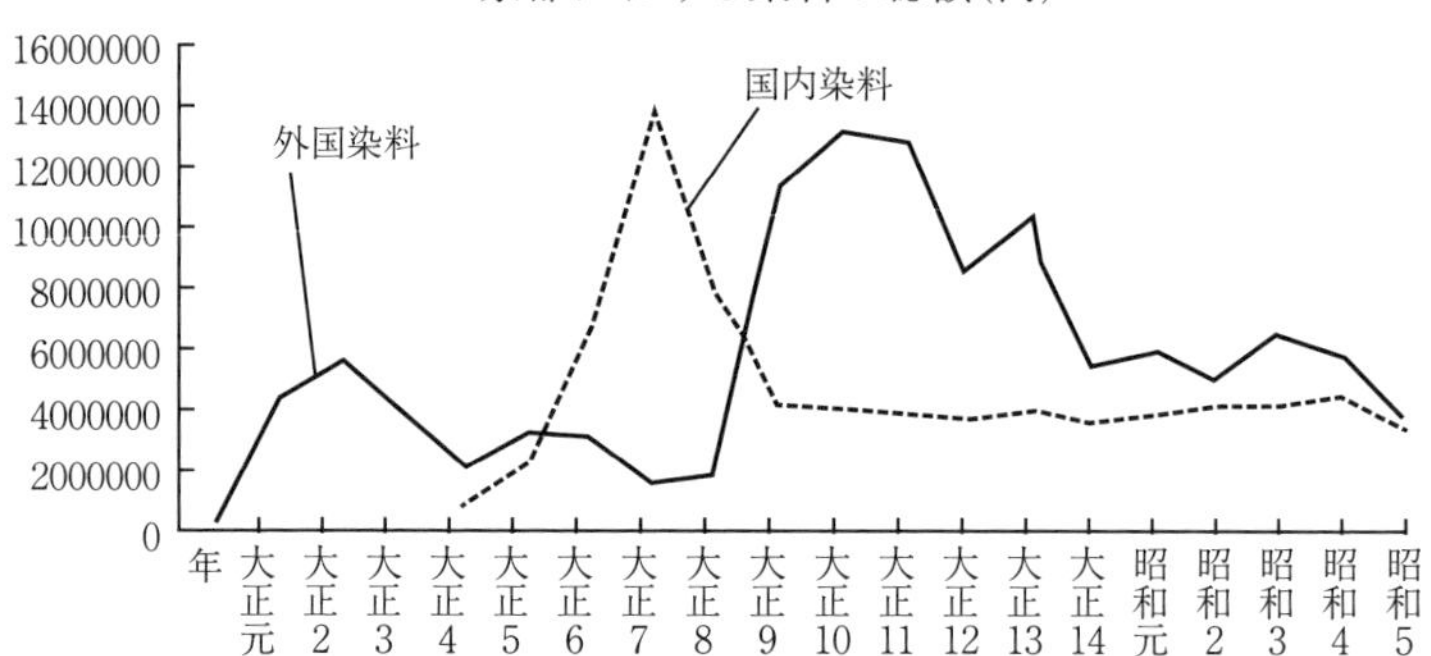

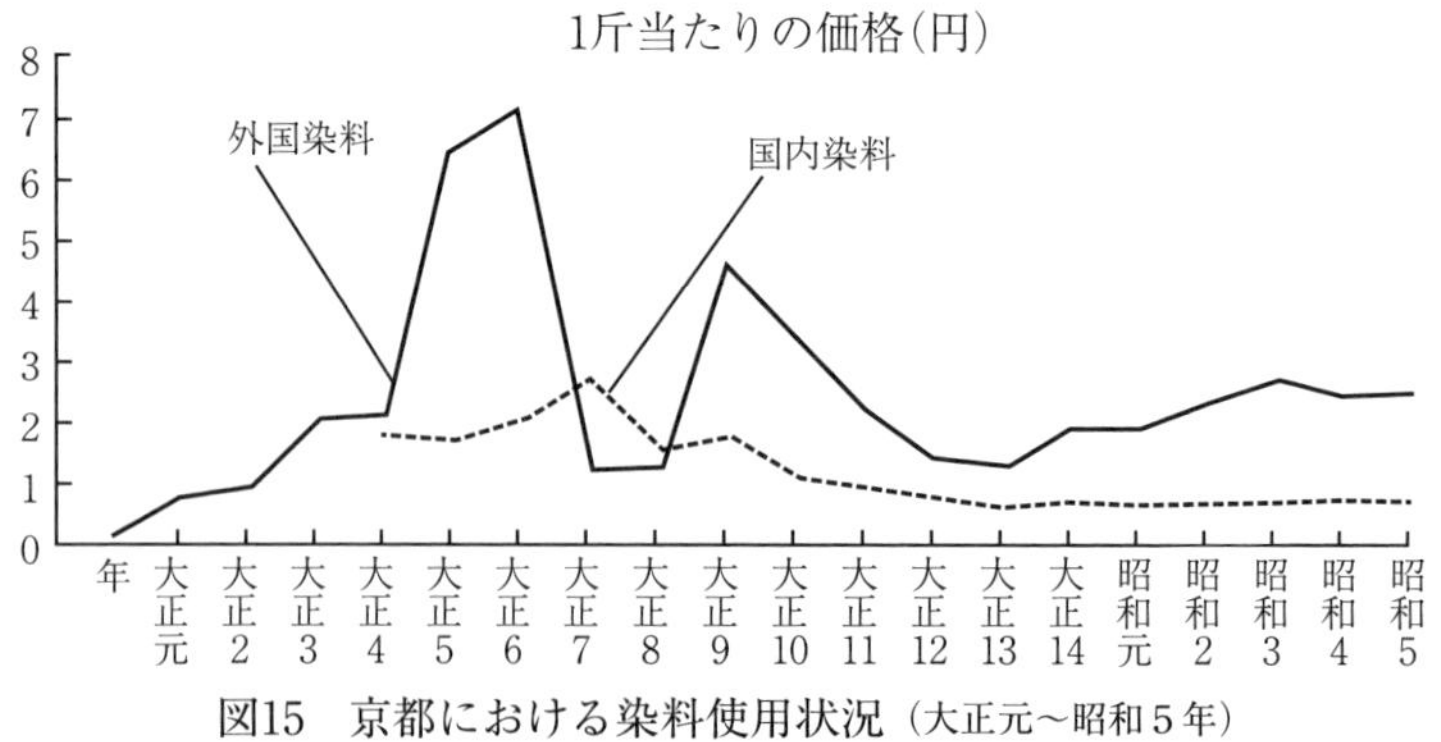

図15　京都における染料使用状況（大正元〜昭和５年）

（出典）「京染統計資料1-2」一般財団法人京染会ホームページをもとに作成.

料が統計の数値に登場するのは第一次世界大戦の開戦翌年、大正四年からだった。外国染料の輸入が杜絶するなかで、国産合成染料は急増した。しかし、大正九年三月には戦後恐慌が起こり、その影響を受けて下がるものの、再び成長を続けた。

一方、外国染料も終戦後には復活し、大正一三年には外国産・国内産ともに頂点を迎える。この時期には従来のドイツ製に加え、アメリカ製の染料も入ってくる。その後、京都では、外国染料は急激に減っていき、国産染料が定着していった。このように京都では第一次世界大戦を機に、国産染料の使用が進んでいく。

ちなみに合成染料の主原料のアニリンを初めて国産化したのは、大正三年、和歌山の由良浅次郎（一八七八～一九六四）とされる。翌年には医療界で欠乏していたフェノール（消毒剤・爆薬原料）の合成にも成功、大正六年には由良染料株式会社を設立し、合成染料の増産に尽力した（和歌山県企画部企画政策局文化学術課「和歌山県ふるさとアーカイブ・紀の国の先人たち」）。

西陣織物と染物

第一次世界大戦が京都経済へ及ぼした影響を、明治末年（A）と大正末年（B）の工業生産品を金額で比較した表5から探ろう。Bは全体でAの約四倍になり、大正年間（一九一二～二六）の急成長がわかる。A・Bとも西陣織物がトップ、染物、被服・絹綿製品と続き、この三品目がAでは五一・三%、Bでも五〇%を占め、京都経済に占める繊維製品の比重が大きい。西陣織物は大正年間で三倍弱になっているものの、Aでは京都の全工業生産品の四二・二%を占めていたが、Bでは三二・五%と比率を下げている。一方、染物はBではAの七・四倍になり、全工業生産品に占める比率も五・五%から一〇・七%へ倍増した。また、被服・絹綿製品も七・二倍になり、比率も六・

表５　京都市における工業生産（明治末と大正末）

【A】明治45年（1912）　　　　【B】大正15年（1926）

生産品	金額(千円)	%	生産品	金額(千円)	%
西陣織物	22,253	42.2	西陣織物	64,061	32.5
染物	2,885	5.5	染物	21,429	10.7
被服	368	3.6	被服・絹綿製品	13,455	6.8
絹綿製品	1,503		金属製器具	10,595	5.4
酒・醸造品	1,925	3.7	菓子類	5,456	2.8
菓子類	1,738	3.3	陶磁器	4,308	2.2
陶磁器	1,389	2.6	酒・醸造品	4,120	2.1
木材製品	1,072	2	その他飲食品	3,292	1.7
機械標本	799	1.5	木材製品	2,888	1.5
その他飲食品	724	1.4	印刷・製本	2,619	1.3
その他	18,040	34.2	その他	69,184	35.1
計	52,696	100	計	197,287	100

（出典）　京都商工会議所百年史編纂委員会編『京都経済の百年』1985年，226頁をもとに作成．金額の多い順に並び変えた．

（注）　％はその年の全工業生産額の構成比，小数点以下２桁目を四捨五入．

八％に上昇した。

全体にはＡでもＢでも、酒・醸造品、菓子類、陶磁器、木材製品など伝統的な在来工業品が多く、大戦を通じてＡでは見られなかった金属製器具がＢでは上位に入った。印刷・製本もトップテン入りしており、学校や寺社、観光地が多い京都では出版物や印刷物が増加したのだろう。西陣織物の王座はゆるぎないが、大正期には第一次世界大戦を経て、染物が大きく台頭してくる。

京染の隆盛と宮崎友禅の顕彰

京染とは

「京染」を「京都にて出来る一切の染物の総称」と定義したのは、高橋新六（一八七七～一九五三）である（高橋新六『京染の実際』）。高橋は豊後国（大分県）旧岡藩士の四男として生まれ、京都蚕糸学校を卒業後、茶染屋（黒染）や京都織物株式会社染色部に勤め、明治三六年（一九〇三）に悉皆（しっかい）業の老舗・桝新商店に入り、七代目となった。ここにいう悉皆業とは、広義にはきもののことなら何でも対応する業者を指し、狭義には、京染の多くが分業で生産され、その工程が多いため、各工程の職人を統括してつないでいく業者をいう。

高橋は、京染について書かれた書籍がないこと、染色を研究する学者から京染の組織、すなわち染屋と悉皆屋の説明を求められたこと、地方に行くごとに染色を志す人から京染研究の仕方について求められることなどから、学者ではなく、実際に携わる者が京染について書けば参考になるだろうと考え、『京染の実際』を執筆し、大正五年（一九一六）に出版した。高橋の著書は好評で、大正一〇年には改訂版を出版、この版は天覧された。

さらに、大正一四年には『京染の秘訣』を出版する。『京染の実際』は六版、『京染の秘訣』は五版を重ね、昭和九年には『増補　京染の秘訣』を出版し、戦後の昭和四八年（一九七三）に復刻版が出るほどロングセラーとなり、染色界に大きな影響を与えた（『増補　京染の秘訣』奥付）。

この「京染」という語は、古くから業界や一般にも使われていたと思われる。地方では京都の染物全般を総称して「京染」と呼び、また、京都では明治二二年に、下京呉服悉皆商組合が上京呉服悉皆商組合（明治一九年設立）へ加入した時に、「京染呉服悉皆組合」と改称されていることからも、多様な京都の染物を表す言葉だったのだろう。それは「近江商人」を、近江国内では日野商人や八幡商人など地域別の名称で呼ぶのに対して、他国の人が総称して「近江商人」と呼んだのと同じだろう。

当時、京都染物同業組合は、正紺染（天然の藍で藍色より濃い紺色に染める）・藍染（天然の藍で染める）・引染（手描き友禅の技法で、広い面積の生地に染料液を刷毛で染色する）・茶染（茶色の系統に染める）・小紋紺染（細かな模様を紺色に染める）・中形紺染（大紋と小紋の間の中形を用いて紺色で染める。主に浴衣地）・友仙（友禅）染・下絵彩色模様・紅染（紅色に染色する）・色染（さまざまな色に染める）・手拭染・しぼりなどの染色技法の他に、練物（繊維に付着している不純物を染色の前に取り除く）・晒白（布を白くする）・紋糊模様糊置（模様の下絵に糊を置く）など、染色に欠かせない工程も含め二九部に分かれていた。高橋自らも地方出身だったこともあり、自著で将来、染物業に従事することを志す人材に向けて、二つの修業方法を提案している。

まず、京都で修業後も働く者には、二九の専門のどこか一種に徒弟として入ることを勧める。一方、地方で開業しようという者には、その地方の相当な染屋で修業し、一人前になってから京都へ来て必要な京染の長所を研究した方がよいという。京都では複雑な分業による生産体制をとり、専門を極めていく方式だが、地方では広く染物ができることが必要で、京都の特殊な分業方法を浮き彫りにしている(『京染の実際』)。

大正期の京染

「京染」は時代とともに変遷したが、大正期にはどのような染物があったのか。『京染の実際』が出版された翌年、大正六年の主な京染の種類・数量・価格を京染会(京都染物同業組合の後継)に残る統計からまとめたのが、表6である。最も数量が多いのは機械染で、友仙染・紺染と続く。価額では友仙染がトップで、紺染が続き、機械染は三番目だった。機械染の数量は友

表6　京染の数量と価格(大正6年)

種類	数量	価格
友仙染	1,696,860	3,393,720
紺染	1,696,800	2,545,200
茶染	739,200	739,200
紅染	865,000	346,000
絹帛諸色染	1,020,000	408,000
藍染	243,000	194,400
中形染	648,000	194,400
糸染	992,250	793,800
生藍染	36,000	28,800
引染	393,600	393,600
練纐	157,500	31,500
機械染	4,680,000	936,000
紋上画	1,507,200	301,440
練物	946,720	189,344
糸練	91,462	27,438
紋模様糊置	2,362,567	590,641
洗色抜	576,000	115,200
浸落調整	2,656,000	265,600
晒白	864,000	86,400
湯熨斗	4,182,040	418,204
張物	8,060,000	403,000
模様染	203,000	304,500
形彫	190,000	290,000
綿布再整	3,918,000	391,800
御召再整	804,000	160,800
灰汁附	395,000	39,500
合計	39,924,199	13,588,487

(出典)「京染統計2–3」一般財団法人京染会ホームページをもとに作成.

(注)原本は手書きのため数値の記載ミスが想定される. 原本では藍染の価格は10倍になっている.

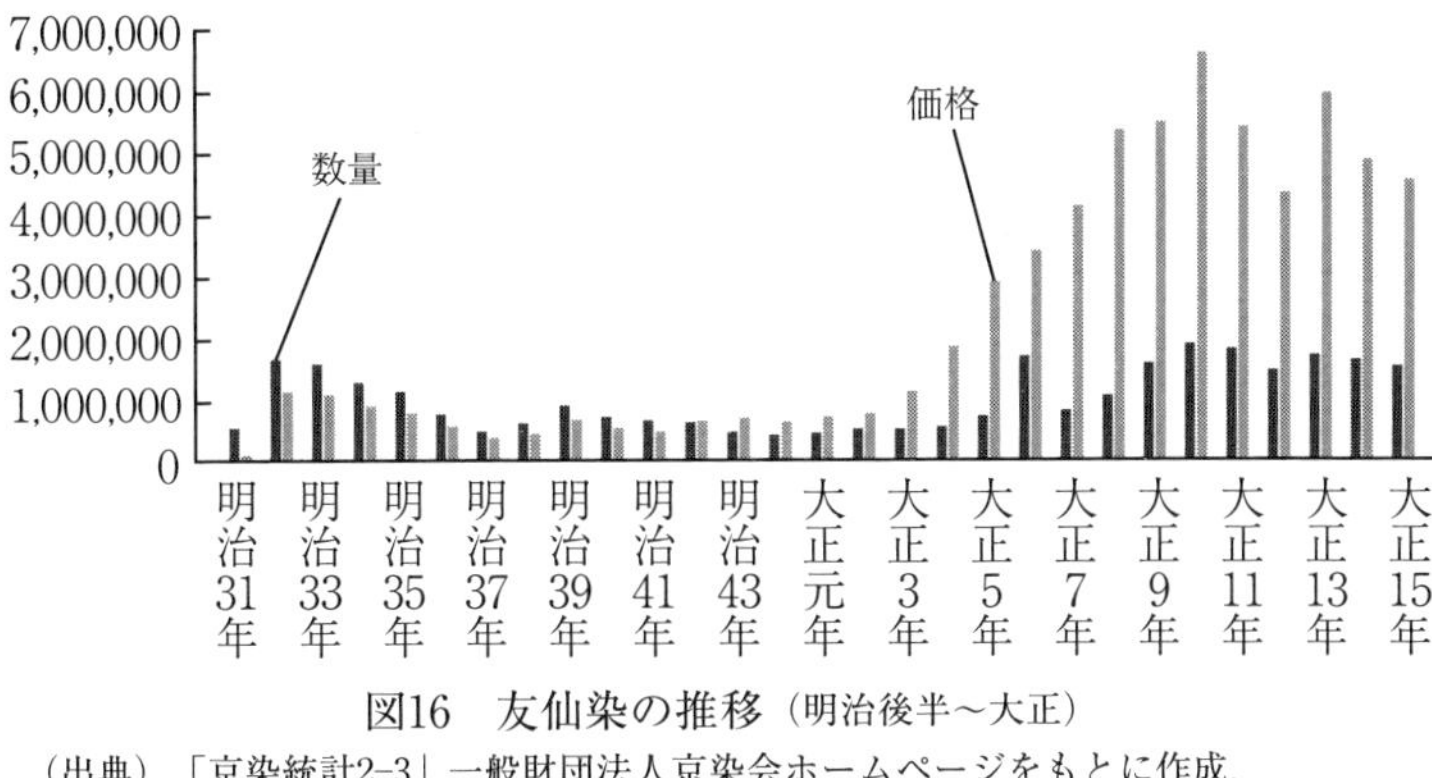

図16　友仙染の推移（明治後半〜大正）

（出典）「京染統計2–3」一般財団法人京染会ホームページをもとに作成.

仙の約三倍近いにもかかわらず、友仙染の価額は約三・六倍に上った。機械染の多くは前章（一四五頁参照）で書いた綿やモスリン（動物の毛をよく梳（す）いた梳毛糸（そもうし）を平織した織物）への捺染（なっせん）で単価は安かった。なお、この「友仙染」とは型友禅、「模様染」が手描友禅を示す。

このように京染にはいくつもの技法があったが、大正期に入って伸びてくるのが、機械染と友仙染だった。表6の前年（大正五年）の統計では、機械染の項目はなく、数量・価額ともにトップは友仙染ではなく、紺染で黒紋付など黒染の下染にも活用された。

同じく京染会所蔵の明治後半から大正末にかけての友仙染統計から生産数量と価額の推移を追ったのが図16である。友仙染はグラフのはじめの部分では数量・価額ともに一気に伸びたもののの、すぐに下降線をたどる。流行は変化するという服飾業界の事情もあろうが、明治三七年・三八年に戦われた日露戦争の開戦前から不景気は始まり、日露戦後恐慌、明治四五年の明治天皇崩御と興行の自粛など、景気停滞は続いた。しかし、第一次世界大戦の開戦後、数量・価額ともに伸び始め、価額が数量より大きく伸びていることに注目したい。大戦中には物価の上昇が顕著だったこともあるが、一反の単価が高くなっているのは、先に引用した西田復次郎「染物の沿革」（一五四頁参照）のなかで見られた「衣服の華美」の現れであろう。

友禅斎謝恩碑と友禅史会

友禅染が明治期に革新を遂げて広がっていくと、友禅染業者の中から、当時、その始祖と謳（うた）われていた宮崎友禅（みやざきゆうぜん）に謝恩を示したいという動きが出てくる。ただし先にも書いたように、扇絵師だった友禅はデザインに影響を与えたが、技法の考案者ではなかった（前掲二八頁参照）。

江戸時代中期に活躍した宮崎友禅については、生誕や死没の時期や場所が不明であった。そのため何かの手がかりをと、廣岡伊兵衛（友禅染業者）、金子静枝（日出新聞記者、小説家、美術品鑑定家、図案家）が墓を探し始め、顕彰が始まる（後掲一八四頁参照）。しかし、結局、墓は見つからず、明治四二年に金子が亡くなり、立ち消えになりかけたが、友禅協会（前掲一一八頁・一三〇頁参照）でも記念碑の建設について時期を待って実行することが決意された（友禅史会編『友千鳥』）。

その二年後に平安神宮で開かれた友禅協会創立二〇年記念式では、京都実業界の重鎮で衆議院議員であった浜岡光哲（はまおかこうてつ）が臨時会長、広岡伊兵衛が会員総代として友禅に玉串を捧げた。この時、広岡は功労者表彰も受け、友禅染業者のなかでも有力な存在だった（村上文芽『近代友禅史』）。

この広岡の動きに、大正四年秋頃から協力したのが、上野清江（図案家・下絵彩色業）と、村上文芽（むらかみぶんが）（日出新聞記者・茶人・文筆家　前掲五六頁）だった。西陣には織物、宇治には茶の名工の碑があるのに、友禅には碑石さえないことを遺憾に思っていたという。二人は広岡と相談の上、西村總左衛門（千總（ちそう）一二代）・西村治兵衛（「千治」、千切屋治兵衛）・飯田新七（四代、髙島屋）の同意を得て同志を勧誘し、大正七年二月七日、発起会を開催、「友禅史会」と命名した。

同年四月一日から岡崎勧業館で開催されていた京都博覧会の一室で、友禅史会として西村總左衛門所蔵の友禅筆鴛鴦・源氏薫君の二幅、広岡伊兵衛所蔵の友禅筆真鶴図など六点を出陳した。さらに五月一二日には南禅寺中金院で友禅忌法要を営み、南陽院で友禅の遺作陳列会を開いた。友禅の遺作や遺著、友禅染の貴重な参考品など約一〇〇点が展示され、友禅に関する空前の大展覧会となった（前掲『友千鳥』）。

その後、友禅史会では「友禅斎謝恩碑」を知恩院三門畔に建立し、大正一〇年一〇月一七日に落成式を挙行している。当初、碑を建てる場所については、京都の産業振興に関係が深い岡崎公園の京都商品陳列所内の案もあったが、結局、友禅の遺著『余情ひいなかた』元禄五年（一六九二年）の序文に登場する知恩院門前に落ちついた（同前）。

古美術商・コレクター野村正治郎

このような「友禅の美」に惹かれたのが、京都の古美術商で、コレクターの野村正治郎（一八七九～一九四三、図17）だった。彼の収集品は逸品が多く、海外の美術館にも散見され、現在、その多くは国立歴史民俗学博物館で「野村コレクション」として収蔵される。

正治郎は京都で古美術商を営む裕福な家庭に生まれた。母は南座の近くで東洋趣味の小物の店を営んでいたが、ある日、外国人が一〇銭の風呂敷を一〇円と勘違いして買っていくと、本格的に外国人相手の商売を始める。正治郎が語学留学のためアメリカへ旅立つ時、母は渡航費のみ現金で、あとは浮世絵

図17　野村正治郎

を渡した。浮世絵の売買を通じて、外国人との商売を身につけてほしいという母の願いだった。この時の経験から帰国後、外国人相手の古美術商として活躍、コレクターとしても優れた小袖（こそで）や古裂（こぎれ）を収集し、古美術商として外国人からも知られるところとなっていく（丸山伸彦「近代の造形としての小袖屏風」）。

ロックフェラーJr.との出会い

野村正治郎が古美術商としてだけではなく、コレクターとして優れていたことがわかるエピソードを紹介しておこう。石油王の大富豪ジョン・ロックフェラー（シニア、一八三九～一九三七）を父に持ち、莫大な資産を受け継いだジョン・ロックフェラーJr.（ジュニア、二世、一八七四～一九六〇、以下「Jr.」）が、一度、正治郎のもとを訪ねている。彼はロックフェラー財団の創設に尽力し、妻アビーの実家が東洋美術に造詣が深いニューイングランド屈指の名門オルドリッチ家だった影響もあり、東洋の文化に関心を寄せた。

大正一〇年（一九二一）八月、妻と長女をつれて三か月に及ぶ東洋への旅に出る。中国では北京協和医科大学の開校式に出席し、中国美術を見て回り、広東では孫文・宗慶齢夫妻とも会った。一〇月二九日、横浜に到着後、一か月をかけた初めての日本訪問で、京都・奈良・日光などを巡った。案内役をしたのが、大阪に本店を置き、ニューヨークやボストンで東洋美術商「山中商会」を営み、アメリカの富豪たちと取引をしていた山中定次郎だった（加藤幹雄『ロックフェラー家と日本』）。

彼がJr.を正治郎のもとへ案内したのだろう。一〇月末頃訪ねてきた時、Jr.は友禅と刺繍と摺箔（すりはく）（模様の型紙を用いて糊を置き金箔を接着）を応用した元禄時代の遺作・束熨斗文様振袖を見て、時価九〇〇〇円と聞くと、すぐに譲渡を切望した。しかし、正治郎の答えはノーだった。正治郎は京友禅業者の貴重な参考品なので譲れないと断り、その理由からJr.もそれ以上は求めずに帰った。

一一月六日、日光に滞在していたJr.から正治郎に九〇〇〇円の為替と手紙が届いた。手紙には「かの美麗且他に比類なき多様色染の着物」（前掲『友千鳥』五六頁）を小生が個人の興味で入手したいが、今後の研究のため、京都市民諸君のために友禅史会に寄付したいとあった。滞在中、京都市民から受けた歓待に報いる感謝の表現として、日本美術の真髄に対する自らの貢献の一端となれば至幸、という言葉で手紙は締めくくられていた。

正治郎はJr.の思いに感動して彼に九〇〇〇円を返却し、振袖を友禅史会に寄贈した。友禅史会ではJr.と正治郎の侠気に感謝し、安全なる保護のため、京都帝室博物館（現京都国立博物館）に寄託した（同前）。その束熨斗文様振袖は現在、重要文化財の指定を受け、京都国立博物館で寄託管理されている。

『友禅研究』の刊行

このように、江戸時代のきものを中心に収集し、その時代や技巧の起源に関心を寄せていた野村正治郎は、先述した大正七年の南禅寺金地院における友禅遺作陳列会を見て、友禅について深く知りたいと思うようになったが、まとまった研究がないことに失望し、自ら研究を進め、大正九年八月、『友禅研究』という形で公にする（『友禅研究』）。同書は、正治郎が所蔵する「四条河原模様友禅帛紗」を原案に、京都画壇の山鹿清華が筆をとり、友人の縮緬商・野口安左衛門商店で染めた紫地の華麗な表紙に包まれていた。

なかは、彼が所有する友禅小袖・小袖裂・袱紗のほか、友禅小袖を着用した美人画、京都府立図書館など友禅に関するひいなかた(が)、友禅自画像、友禅が挿絵を描いた「梶の尾」など図版が三分の一ほどを占めている。

残りは多数収集した江戸時代の友禅に関する文献をもとに、まず宮崎友禅の生涯や業績をたどり、加賀の染色技法、友禅染が登場する時代背景、その当時の染織技術と色などについて多岐に検証している。宮崎友禅という人物は謎が多く、出自に加賀説と能登説、京都説がある。また、彼は実際の染色職人ではなく、意匠考案家（デザイナー）にもかかわらず、友禅技法を加賀で生み出して京都へ来た、あるいは京都で生み出して加賀へもたらした、そして終焉(しゅうえん)の地は京都か、加賀かという論争も起こってくる（後掲一八六頁）。

国産力織機と丹後

国産絹用力織機の開発

このような染物の発展とともに、染を支える生地の量産化が求められ、大正期には全国的に力織機(りきしょっき)の導入が本格していく。

力織機は明治前半には輸入に頼っていたが、明治後半には北陸や東海で国産化に挑む人々が登場してくる。国内で絹用力織機の開発に先鞭をつけたのは金沢の津田米次郎（一八六二〜一九一五）だった。金沢では明治初期に地域の復興と士族救済のため、旧加賀藩士らが西陣から羽二重(はぶたえ)の製造方法を導入し、輸出量産型の繊維産業が発展していく。

津田米次郎は、明治一三年（一八八〇）には木綿用動力織機を開発し、さらに地域で求められた絹用力織機の研究を進めて、明治三三年に完成させる。その絹用力織機が明治三六年の第五回内国勧業博覧会で優秀賞を受け、明治三八年に東京で力織機の生産を始める。米次郎は明治二九年に木綿用の豊田式汽力織機（木鉄混製動力織機）を完成させた豊田佐吉とは絹と綿、それぞれの道を極めるよう励ましあったという。

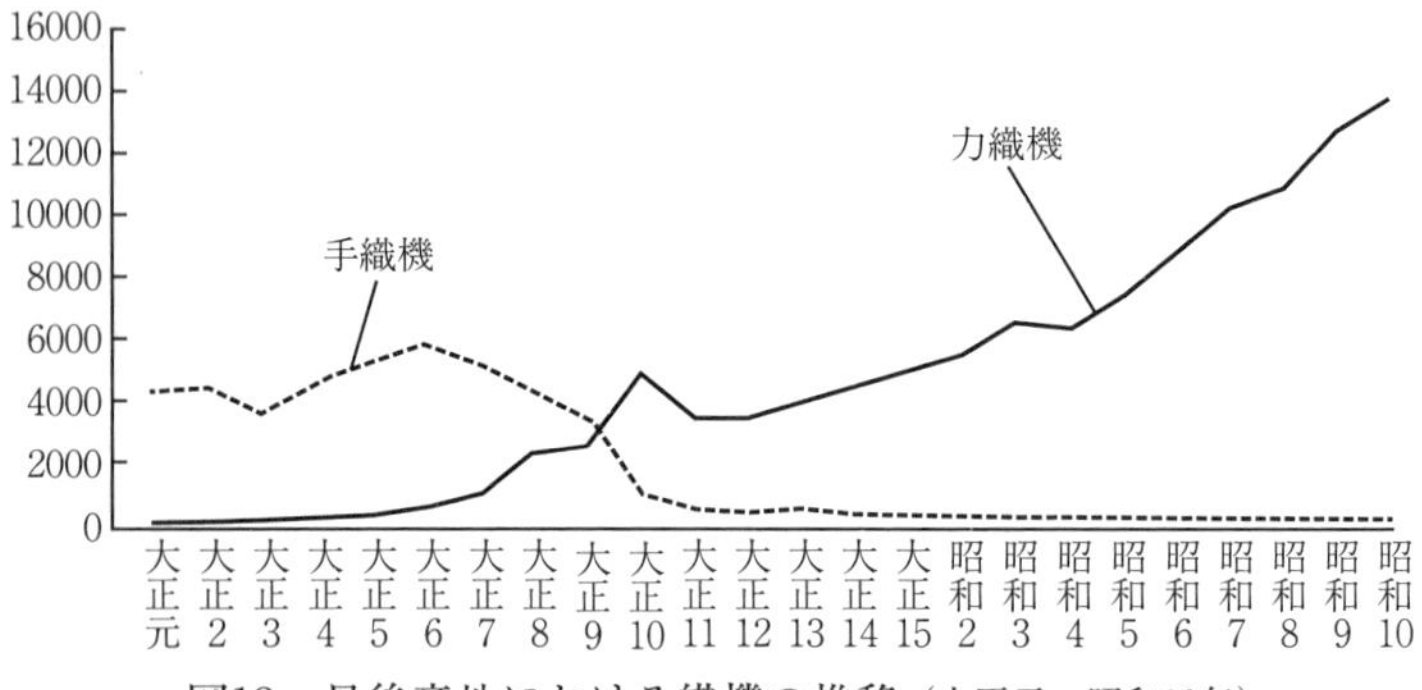

図18　丹後産地における織機の推移（大正元〜昭和10年）
（出典）『京都府統計書』大正元〜昭和10年をもとに作成.
（注）与謝・中・竹野・熊野郡の数値を合計.

米次郎を手伝っていた弟の駒次郎（一八七八〜一九四五）は明治四二年に独立し、金沢で津田駒次郎工場（現津田駒工業株式会社）を創業、地域の要望に応えた絹用力織機の開発に注力した。「ツダコマ」の名称で親しまれた力織機は明治末期から大正初期にかけて普及し、大正三年（一九一四）には石川県内の力織機は手織機を追い越した（津田駒工業株式会社編刊『生いたちと先駆者たち』）。

丹後産地の力織機化

このように大正初期には北陸で国産力織機が浸透したが、第一次世界大戦中（一九一四〜一八）からの国産染料の開発と染物の需要に対応し、丹後でも力織機が普及していく。丹後で最初に発動機と力織機を導入したのは明治四一年、与謝郡加悦町の杉本治助（西山機業場）と伝わるが、力織機はスイス製、ドイツ製の発動機には石油を使用した。海外からの機械導入にあたっては、明治三八年に設置された京都府織物試験場（現京都府織物・機械金属振興センター）が協力した（『加悦町史』資料編Ⅱ）。試験場は、その後も現在に至るまで丹後織物の向上に不可欠な施設となっている。

図18は丹後産地（与謝・中・竹野・熊野郡）における力織機と手織機の数値を表している。大正元年には力織機はわずか五四台、手織機は四一八八台だったのが、第一次世界大戦後の大正八年には力織機は二〇〇〇台を超え、大正一〇年には力織機が手織機を上回り、その後、手織機は急速に減っていく。力織機は翌年、戦後不況でいったん減るものの、その後も増え続けていく。普及の背景には、当初は外国製だった力織機が、津田米次郎・駒次郎兄弟をはじめとして、国産力織機の開発が進められたことがあった。

丹後縮緬同業組合の設立

また、丹後産地で手織機より力織機の台数が上回った、つまり手織機から力織機へ転換した大正一〇年（一九二一）には、現在の丹後織物工業組合のルーツになる丹後縮緬同業組合が設立されている。丹後では、すでに明治三〇年の重要輸出品同業組合法、明治三三年の重要物産同業組合法に基づき、郡ごとに同業組合を組織し、四郡で連合会を結成していたが、あくまでも郡ごとの活動が中心だった。

それが、大正一〇年に、丹後全域で①製造業・撚糸業、②精練業・整理加工業、③筬・紋紙・機料品販売業、④織物ならびに原料の売買業・問屋業・中立業など、製造から販売に至る約一五〇〇人に及ぶ丹後縮緬同業組合が結成され、組合長には津原武（一八六八〜一九五三）が就任した。

津原は鳥取藩士の三男に生まれ、津原家の養子となり、関西法律学校（現関西大学）と和仏法律学校（現法政大学）に学び、宮津町で弁護士事務所を開業する。京都府会議員を経て、大正四年から、政界を引退する昭和一七年（一九四二）まで、中正会・憲政会・民政党から衆議院議員に六度当選している（『人事興信録』第一三版、『宮津市史』通史編下巻）。

丹後全体を包括した組合を設立する契機となったのは大正三年、工場法の制定に向けて、全国を視察していた農商務省商工局長の岡実の講演だった。その内容に入る前に、ちりめんの工程を簡単に左のように紹介しておこう。

緯(よこ)糸を強撚　→　経(たて)糸を準備　→　製織　→　精練　→　仕上加工　→　出荷

ちりめんは織物なので「製織」が重要と思われがちだが、特徴である生地のシボ（凹凸）は製織の前に「緯糸を強撚」することでできる。また、製織後に生糸の表面にあるセリシンや不純物を落とす「精練」という工程が必要で、精練後に柔らかなシボが現れる。当時、丹後産地での工程は製織までで、精練以降の工程は京都問屋が引き取ったあとで行なった。

岡は、白生地の丹後ちりめんはきものになるためには染色が必要な半製品で、未精練のままでは完成品から見ると半製品の半製品にしかすぎず、今後の発展には大きな弊害になると述べた。とくに生地にキズがあった場合、製織によるものか、精練によるものか、精練しないとわからないため、キズ物は京都問屋から丹後へすべて難物(なんもの)として戻され、値引きを求められた。また、白生地として丹後から出荷できると、金融機関から資金を借り入れる際の担保にもなり、販売ルートも広げることが可能となる。

丹後では、明治初期まで全工程を行なっていたため、精練以降の工程を京都から産地に取り戻すことが悲願であった。それまでの京都での精練「京練」に対し、丹後国内での精練という意味から「国練」と呼ばれた。しかし、国練検査が実現するのは昭和に入ってのこととなる（後掲二一〇頁）。

大正期の西陣と池田有蔵

西陣織物同業組合の三大事業

明治末期から大正初期にかけて、西陣織物同業組合が組合振興策三大事業として打ち出したのは、①染織試験場の設置、②市立の京都市染織学校の拡大整備、③陳列館の建設だった（前田達三編『西陣織物館記』）。これらの事業は日露戦争時の明治三八年（一九〇五）一二月に導入された織物消費税の納税手数料が西陣織物同業組合の資金となったことで実現する。

まず、①の染織試験場は、明治四二年三月に完成したが、農商務省から貸与された機械での試織や加工の研究にとどまり、傍らで機業家の委託生産や加工を行ない、経費の一端を補う状態だった。洋式の織法に西陣の在来織技の長所を加味した新しい織物の研究ができ、意匠（デザイン）・指図・染色・撚糸と一貫した設備を持つ大規模な染織の研究機関が提案されたが、経費が不足し、実現は難しかった。そのため、大正五年（一九一六）九月、組合は試験場を京都市に寄付し、京都市立染織試験場（現（独法）京都市産業技術研究所）が誕生する（佐々木信三郎『西陣史』）。

また、②については明治四一年に文部省視学官から、全国の模範たるべき京都市染織学校（市立。前身は京都染工講習所、現在の京都工学院高等学校）が、実業学校として設備が不十分であるという勧告を受け、翌年には京都市会（京都市議会）で烏丸校舎（烏丸上立売上る相国寺畔）への移転と拡大が決定（前掲一三二頁）、明治四四年に織機や染色の実習工場が完成した（『洛陽工高百年史』）。

そして、西陣織物同業組合がこの時期に最も力を入れたのが、③の陳列館の建設だった。仮称陳列館は、大正三年六月に「西陣織物館」として、併設の組合事務所とともに竣工した（前掲『西陣織物館記』）。

西陣織物館の開館

その発端は、明治四三年、組合員が関東機業地を視察した際、各地の同業組合の堂々とした施設に驚嘆し、帰京後、陳列館の建設が急務であると力説したことだった。翌年の予算から建築積立金が計上され、建築基本計画案が検討され始め、組合事務所も織物館に併設することになる（前掲『西陣史』）。

そこへ、明治四五年七月に明治天皇が崩御し、大正と元号が変わり、新天皇の即位式（大正三年一一月を予定）が京都御所で行われるのに間に合うよう大正二年六月に着工した。そして、翌三年六月に「西陣織物館」と組合事務所が竣工したが、即位式は一年の延期となった（前掲『西陣織物館記』）。

また、設立の主旨は、西陣織の優秀品を陳列して一般にも広くその真価を紹介し、希望者には即売や機業家との取引を仲介するなど、販路拡張にも貢献することだった。館では、古今東西の優秀品や参考品を調査し、これを借り受け、展示して一般機業家の研究資料に充てることも重視した。とくに古代裂については熱心な調査が続き、優秀品を所蔵者の許可を得て模写した裂を納めた「綾錦（あやにしき）」を、大正五年から一四年間で一一冊刊行した（前掲『西陣史』）。

西陣織物同業組合第七代組長・池田有蔵

これらの事業を牽引したのが、明治四二年（一九〇九）に第七代組長に就任した池田有蔵（一八六四～一九三〇、図19）だった。明治三一年に西陣織物同業組合の発起人の一人となり、四〇年には同組合副組長に選任され、第六代組長伊達虎一のあとを受け、昭和二年（一九二七）に辞任するまで再選を続けた。

池田は元治元年（一八六四）、若狭国遠敷郡竹原村（現福井県小浜市）で、小浜藩に代々仕えた士族・先代有蔵の長男に生まれる。父は廃藩後に士族を辞め、有蔵が八歳の時、一家をあげて京都へ来て織物業で生計を立てようと習得に努めた。父は当初、有蔵を官吏にしようと岩垣月洲（幕末の儒者、一八〇八～七三）の漢学塾に入れたが、時代の趨勢を察知して小学校へ転校させた。

一二歳で中退して西陣の機業家小谷孫兵衛方で修業し、明治一六年、二〇歳で自家に帰り、父から受け取った一五〇円を資本に機業を始め、さまざまな帯地を開発し、一〇年ほどで一流となり、稀に見る成功者といわれた。明治二三年に琵琶湖疎水が完成すると、動力による織物製造を決意し、明治二七年には西陣製織株式会社を創立した。日清戦後の好景気を受け、綿ネルを製織し、好調に中国へ輸出したが、日露戦争直前の不景気から明治三六年に解散した。西陣に動力織機を持ち込んだ先駆けだった。

図19　池田有蔵

第七代組長に就任後は、組合の三大事業推進はもとより、大正四年三月から京都商工会議所議員に四回、常議員に二回選出され、大正一〇年には大日本織物中央会会頭に就任、一二年には再選され、業界で活躍した。このほかにも京都のさまざまな議員・役員・委員、各種博覧会・共進会などの審査員も嘱託され、西陣信用組合長も務め、昭和三年には緑綬褒賞を受けた。政治家としては立憲政友会に所属し、大正八年九月に府会議員となり、昭和二年九月に満期となるまで府政に参与し、その間、大正一二年には府会議長にも就任した（『京都府議会歴代議員録』）。

組長として、財界人として、政治家として活躍した池田有蔵は取引の改善にも取り組んだ。もともと西陣には織物製造業者から仕入れる産地問屋（上仲買商）がいた

織物取引の改善

が、明治後半から大正期に呉服の流通が増えていくと、室町通（南北の通）の三条通から五条通（東西の通）周辺にいた下仲買商（室町問屋）が成長していく。彼らのうち、有力者は上仲買商から仕入れた西陣織物だけでなく、染呉服や小物なども扱い、広範な販売網と資本力を持ち、全国の問屋や呉服商へ販売した。一方、上仲買商は下仲買商へ卸すだけで、買い取りの力がなくなり、委託販売業者のようになっていく（『経済人』八―一一―八六）。

そのため、西陣の織物業者は織り上げのたびに上仲買商へ持参すると、暗黙の了解で双方の推測による価格の六～七割の代価を受け取り、残りは六月と一二月の決算期に確定した分が支払われた。織物業者の側では、仲買商に渡すと同時に価格が決定し、全額支払われることを望んでいた（京都府立総合資料館編『京都府百年の資料二　商工編』）。

池田はこの状況を打開するため、大正五年に高等帯地製造業者を中心に「京美会」を組織し、会員の製造した織物を特定の上仲買商に一定の口銭で織物を引き渡し、それと同時に価格を決定して取引する形態を始めた。その成績が良好で、大正七年に三四名の株主で「株式会社京美会」を創立した。さらに

これを進めて、京美会と上仲買商とを合併した大会社を作ろうとしたが、京美会に属さない製造業者の反対を受け、また、上仲買商の側でも参加を見合わせる者もあり、創立には至らなかった。

そこで、翌大正八年には当時、西陣の先端を走っていた西陣模範工場（伊達虎一らが明治三五年設立、前掲『西陣史』一三七頁）と京美会会員の工場を合わせて「西陣織物株式会社」（資本金二〇〇万円）を創立し、下仲買商以外の販売ルートも開拓し、自ら製造販売を始め、広がりを見せていた。これに対抗し、下仲買商の有力者津田栄太郎・矢代庄兵衛・市田文次郎らも「織物商業株式会社」（資本金三〇〇万円）を創設した（平井瑗吉『京都金融小史』）。

双方とも第一次世界大戦景気で強気に出ていたが、大正九年三月に戦後恐慌が起こると、三月中旬から金融の引き締めが始まり、株価が大幅に下落すると織物も大暴落となった。とくに好景気時に商売を広げていた仲買商のなかには、仕入を休止し整理に着手する者も現れ、織物の販売と同時に価格決定をする取引方法に耐えられない仲買商が増えた。また、製造者のなかにも、安くても少しでも売りたい者もいて、なし崩しになっていった（前掲『京都府百年の資料二　商工編』）。

西陣の力織機化

明治末から大正にかけて、北陸や関東、丹後などの産地が国産力織機を導入して、効率化を進めるなか、西陣産地への力織機の導入はどのように展開していくのか。

西陣織物同業組合における大正から昭和にかけての手織機と力織機の台数の推移を示したのが、図20である。これを見ると、大正初年には手織機二万五七一台に対して、力織機は一六九五台と一〇分の一にも満たない。第一次世界大戦が始まる大正三年までの不況期には手織機の方も減り、そこから手織機は反転し、大正八年に二万五七八七台とピークを迎える。しかし、翌年には手織機は減少し、その後も

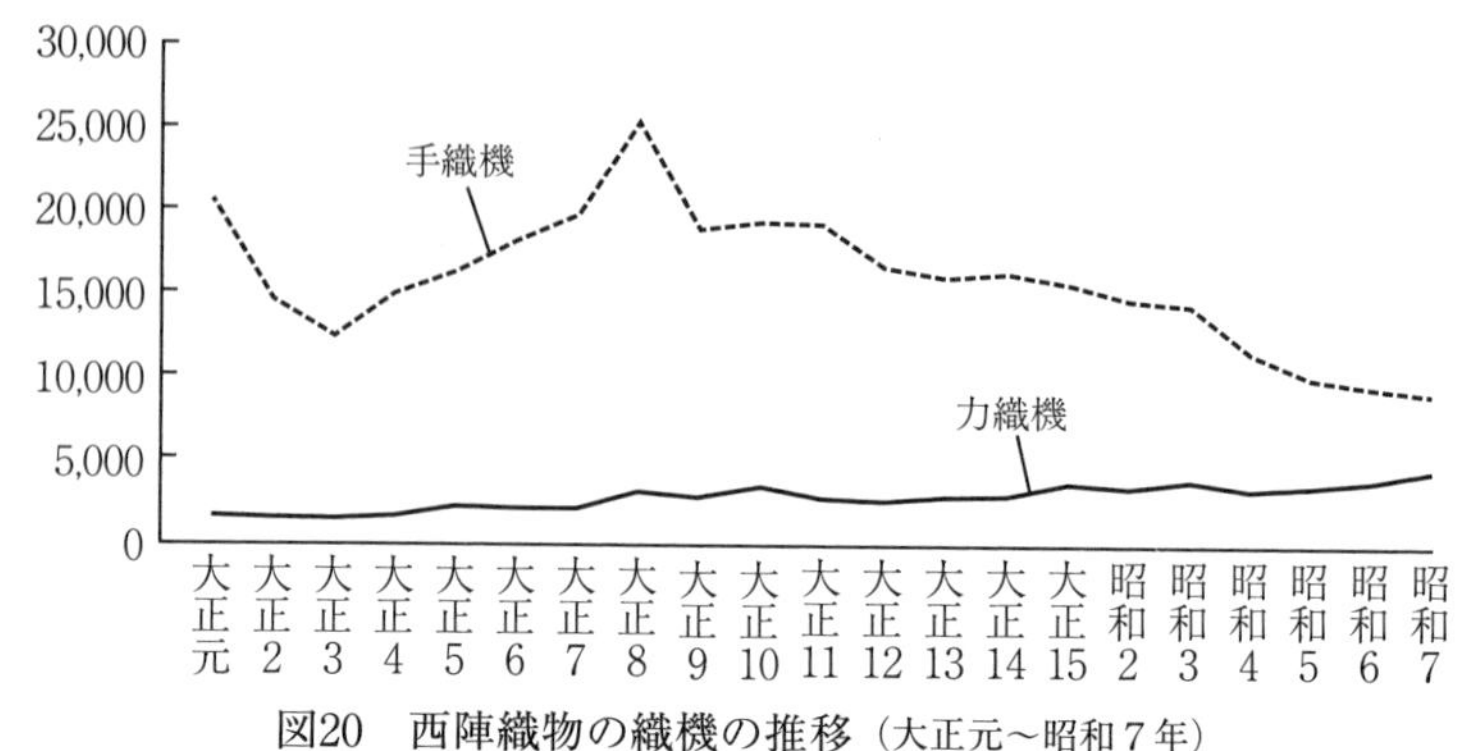

図20　西陣織物の織機の推移（大正元～昭和７年）
（出典）　前田達三『西陣織物館記』376～377頁「統計表」をもとに作成.

徐々に減り、昭和七年には一万七九二台とピーク時の五分の二になっている。一方、力織機は大正から昭和にかけて、なだらかに増え続け、昭和七年には六〇五四台にまで増加し、大正初年と比べると三倍以上に増えた。

その背景には高価な力織機を導入する個人事業者は限られていたため、西陣織物同業組合では、織機奨励規則を設けて、大正九年度に組合費より三〇〇〇円、京都府からも五〇〇〇円の奨励金を得て、織機の買い替えを進めたことがあった。この八〇〇〇円の奨励金で大正九年末から一年間に据え付けられた織機は、鉄製力織機が二一八台、半木製力織機が一八五台で、広幅（洋服や肩掛けなどの幅）の力織機が増加し、小幅（きものや帯の幅）の半木製手織機が減った（前掲『京都府百年の資料二　商工編』四四五～四四八頁）。

寿製作所の誕生

この頃には国産の力織機メーカーも増え、西陣でも寿製作所が誕生した。同社は大正八年五月、絹布用力織機とその準備機械を製造し、西陣をはじめ、全国の機業家へ販売することを目的に、広瀬満正や池田有蔵ら京都在住の有力者により資本金一〇〇万円で創立された。

取締役社長に就任した広瀬満正の父は、住友家の初代総理人の広瀬宰平であり、満正自身も紡績業界や倉庫業界に通じた関西財界の重鎮であった。顧問には京都高等工芸学校の鶴巻鶴一ら、協議役には同校の村上宇一や池田有蔵らが入った。

大正九年一一月に織機製造工場を完成させたが、その八か月前の三月に起きた第一次世界大戦後の恐慌と重なり、創立まもなく苦境に陥り、大正一二年には解散した。その後、広瀬が土地・建物を買収して、翌年、合資会社寿製作所を立ち上げ、事業を継続した。昭和五年には株式会社へ改組し、高級絹織物用だけでなく、毛織物用や人絹用力織機にも事業を拡大し、三菱商事との取引をするまでに成長していく（加藤健太「三菱商事と寿製作所」）。

このような力織機を使って戦前の西陣で主に生産されたのは、輸出用織物、ちりめんとよく似た地質の着尺地（きもの一枚分の生地）のお召だった。高級帯や金襴（きんらん）などの高度で特殊な織物には引き続き、手織機が使われ、手仕事の職人技が継承されていった。

流行をつくる百貨店と問屋

大正期

三越のキャンペーン――光琳から友禅へ

明治三〇年代後半から大正にかけて、三越・髙島屋・大丸・松阪屋・松屋・白木屋など、呉服店が座売りから陳列形式へ販売方法を変え、洋館を建て食堂を設け、呉服以外の雑貨や日用品などを販売する百貨店形式へ改組を始める。

光琳キャンペーン

その先陣を切ったのが三越呉服店だった。明治三七年（一九〇四）一二月、改組により、百貨店「株式会社三越呉服店」が誕生した（図21）。翌年一月には「デパートメントストア宣言」を主要新聞に掲載して、新時代の流行を創出していく。その後、昭和三年（一九二八）に商号を「株式会社三越」に改めるが、ここでは「三越」で記述する。

三越は近代になって百貨店に業態を広げながら、呉服の流行を牽引した。日露戦争を直前に控えた明治三七年には「光琳遺品展覧会」を開催、光琳風裾模様の懸賞なども行ない、光琳模様のキャンペーンを開始する。翌年には、元禄模様の集中的なキャンペーンを展開し、「流行研究会（流行会）」と「元禄研究会」を発足させている（玉蟲敏子「三越における光琳戦略の意味」）。

実は江戸時代にも、尾形光琳（一六五八～一七一六）が亡くなった享保元年（一七一六）から元文年間（一七三六～四一）にかけて、きもの図案として「光琳模様」が大流行した。光琳が手がけた工芸品は富裕層の間で人気を博したが、注文できる人は限られていた。そこで呉服商や版元たちは、光琳が遺した作品から「光琳風模様」を職人たちに描かせた「ひいなかた」（小袖雛形本）を作成し、「流行」を創出した（長崎巌『きものと裂のことば案内』）。

光琳ブームから江戸ブームへ

この時期に三越が光琳に着目したのは、次の二点からだろう。

まず、当時、ヨーロッパでは、曲線を特徴とした「アールヌーヴォー」が流行していた。三越は光琳の流水や菊・梅などの模様に、「アールヌーヴォー」を見出したのだろう。光琳は西欧にも認められたビッグネームで、新柄のきものを都市に生活する富裕層の女性たちに向けて販売促進するため、新しさと伝統を融合するシンボルとして使われた。さらに、百貨店化していくなかで美術品も扱うようになった三越にとって、光琳は江戸時代と同様に美術・工芸のみならず、多岐にわたる重要なテーマになったのだろう

また、この時期には明治以降の急速な近代化や西洋化の

図21　三越百貨店本店（大正初年）

反動もあり、江戸時代への郷愁や江戸ブームが到来した。その象徴として、明治三五年には、江戸幕府最後の将軍であった徳川慶喜の名誉回復がなされ、慶喜は公爵となり、江戸時代が復権した。

そして、三越は明治四一年には「光琳祭」を開く。この光琳祭は、流行会で活躍した京都画壇の久保田米斎（米僊の長男、一八七四〜一九三七）の嗜向が反映された。光琳の祭壇には、墓碑の写真が設置されたが、その墓碑は、光琳の弟子で江戸琳派の祖とされる酒井抱一が京都妙顕寺に建立したものである。光琳祭は翌年も開かれ、三越は光琳の追善や顕彰をしていく。

大正元年（一九一二）には、三越は「流行会」のなかに特別研究会「江戸趣味研究会」を発足させ、光琳から江戸時代全体へテーマを広げ、その頂点は、大正四年の「光琳二百年忌」だった。三越では「新光琳式模様」を募集し、アールヌーヴォーを経由した曲線に洋花を用いた作品が多数発表され、六月一日から三日間、「光琳遺品展覧会」を開催している（以上、玉蟲敏子「三越における光琳戦略の意味」）。

金沢での友禅墓蹟発見

話は少し戻るが、三越は明治三八年に元禄模様の集中的なキャンペーンを展開した時から、光琳とほぼ同時代に生きた宮崎友禅に着目するようになった。宮崎友禅は謎が多く、当時、すでに、京都で友禅協会や関連する人たちによって「友禅染の祖」として宮崎友禅の顕彰が始まっていた。しかし、友禅と関連がありそうな墓地を京都中で、探したものの、墓碑は見つからなかった（前掲一六四頁）。

そこで、三越は、大正五年に大阪店で金沢工芸品展覧会を開催した時に、金沢から来た関係者たちへ友禅の墓さがしを依頼する。

三越の小田久太郎は、友禅へのアプローチについて、次のように述べている。

私の店では、先に光琳の墓も払ひましたから、此の上は友禅斎をといふことは、多年考へて居ましたが、何うも手掛りがございません。（中略）大正五年、大阪の三越で、金沢の工芸品展覧会を開くことになり、加賀から世話役の方や出品者が大勢出て見えましたので、よい時機と存じまして、（中略）私は只管夫（それ）をお願ひして置きました（白名民意編『友染斎図録』）。

この話の続きだが、すぐに古老から、墓は卯辰山にあるという話が出たものの、数年たっても要領を得なかった。その後、世話役の一人で、最も墓探しに関心を持った細野申三が、金沢市役所の市史編纂事業を担当していた和田文次郎（一八六五〜一九三〇）に調査を依頼した。和田は三代にわたる郷土史家で、金沢にある多くの寺の過去帳を調べ、卯辰山の龍国寺の過去帳に「友禅」の名前を見つける。それを手がかりに、金沢の染色業者たちが、同寺の草叢のなかに倒れていた墓石を発見した。

その後、三越では大正九年五月一七日、龍国寺の友禅墓蹟と参道を整備し、友禅の墓前祭を行なった（同前）。同年一〇月、三越は大阪店で友禅斎遺品展を開催した。そして、その展示品の画像と三越呉服店編輯部編纂「染色界の恩人　画師友禅」を収録した『友染斎図録』を大正一五年に刊行している。

和田文次郎『友禅』　大正九年一月、和田文次郎が金沢で宮崎友禅の墓蹟について公表すると、さっそく金沢の染色業者は友禅斎史蹟保存会を立ち上げた。この年八月に、野村正治郎が『友禅研究』を出版し、一か月遅れで和田も友禅斎史蹟保存会より『友禅』を出版した。

この『友禅』という書籍は、和田が江戸時代からの文献を丹念に調べた友禅に関する歴史研究書で、挿入図には田畑喜八・西村總左衛門（千總（ちそう）一二代）・広岡伊兵衛など京都の著名な友禅関係者たちも協力し、金沢市長飯尾次郎三郎、東京三越呉服店倉知誠夫、村上文芽（むらかみぶんが）が「序」を寄せている。

『友禅』の「自序」によると、友禅の研究は最近盛んに行なわれているが、臆説が多く、おおむね史実を忘れ、ほとんど考拠を欠いているため、公平の見地に立ち、にわかに出版したという。龍国寺の「元禄七年十一月住持梅心」の序がある過去帳に「友禅斎自超上座施主太郎田屋月碑」という文字を見出したことから墓探しが始まったが、根拠となった墓蹟は友禅が死んで埋葬されたものか、友禅の死を聞いて回向のために建てられたものか、他所にあったものを移したものか、また和田自身も、墓石にある「友禅斎自超上座」の文字は何とか見えるが「宝暦八戊寅六月十七日」の文字は摩耗し、はっきりとは読めないとする。なお、墓の施主の太郎田屋は当時、金沢の紺屋の棟取を務めた染物屋だった。

ところで、この過去帳や墓石が本当のものかどうかは長らく論議されてきたが、いまだ結論には至っていない（河原田康史「宮崎友禅斎と友禅染—友禅斎の墓石について—」）。

ただ、三越は、その後も宮崎友禅についての顕彰を進め、昭和七年（一九三二）には画家としての友禅斎を取り上げ、その画業を追った展覧会を開く。その時、先の『友染斎図録』の一部を再録した『友禅』を発刊した。この間、昭和五年に、三越は金沢支店を開設している。

「加賀友禅」のブランド化

すでに述べたように、明治以降に京都では高価な手描友禅に対して、やや廉価版の型友禅の技法を生み出し、さらに大正期の第一次世界大戦期の好景気で友禅染はきものや帯、袱紗（ふくさ）など汎用されていくなかで、「友禅染（ゆうぜんぞめ）」という技法、歴史、さらには「宮崎友禅」という人物にも脚光が当てられた。三越が宮崎友禅に着目したことから、友禅の墓蹟が金沢で発見され、金沢の染め物にも研究は及んでいく。

ところで、加賀藩では一七世紀後半から一八世紀前半、第五代前田綱紀（まえだつなのり）（松雲、一六四三〜一七二四）

のもとで、工芸美術などの文化の基礎が築かれた。この頃、すでに梅染や兼房染（けんぼうぞめ）などの無地染、加賀紋や加賀色絵と呼ばれる技法もあり、それらを総称して「御国染」という（明石染人「加賀友禅」）。

このような加賀染に京都の友禅染の技法を融合したのが、金沢の染織工芸家の木村雨山（本名は文二、一八九一、一九七七）だった。木村は金沢で加賀藩の藩札の下書や版下の字を書く職人の家に生まれ、幼い頃から兄とともに日本画を学ぶ。高等小学校卒業後、染絵の名工で日本画家の上村松太郎に弟子入りし、その後、北陸絵画協会の設立者の一人、大西金陽や同協会に学び、大正一二年（一九二三）に独立する。翌年、協会の若手で組織した「金城画壇」に参加し、さらに大正一四年には、その審査員として招かれた岡田三郎助（洋画家、帝国美術院会員）や正木直彦（東京美術学校長）から、加賀染の研究と友禅染の制作を勧められる（木村雨山『人間国宝　木村雨山』）。

そして、木村雨山は、昭和三年の第九回帝展に初出品した「染色リス紋様壁掛」「染色二曲屏風」の二作品が入選する。大正八年から開催された帝展（帝国美術院展覧会　戦後の日展へ継承）に初めて工芸美術部が設けられたのは昭和二年秋のことだったが、石川県から染織品が入選したのは初めてのことだった。木村は戦後の昭和三〇年に国指定の重要無形文化財（友禅）保持者（人間国宝）に認定されている。

岡田や正木は三越をはじめ、百貨店業界との関係は深い。それまで地元では「御国染」や「色絵」と呼ばれていた染物が「京友禅」に対し、「加賀友禅」と呼ばれ、木村雨山を騎手にブランド化が本格化する。

問屋の成長とモノづくり

きものの市場が成長するなかで、大正期に大きく成長を遂げたのが、染呉服商と呼ばれる問屋の存在だった。なかには問屋から総合商社へ発展していく企業も登場してくる。かつて京都の中心部を南北に走る室町通に沿って呉服問屋が多かったことから、通称で室町問屋と呼ばれている。この室町問屋には、現在でも近江商人をルーツとする企業が多いといわれ、彼らの動きについての研究もなされている（北野裕子「近代京都染織業と近江商人系商店―拡大の実態と染呉服の大衆化―」）。ここでは、その代表企業として丸紅商店を紹介する。

近江商人・伊藤忠兵衛

丸紅商店は、彦根藩領の犬上郡八目村（のち滋賀県豊郷村）に、天保三年（一八三二）に生まれた兄の伊藤長兵衛と、天保一三年に生まれた弟の伊藤忠兵衛が、それぞれに創業した伊藤長兵衛商店と伊藤忠商店とが、大正一〇年（一九二一）三月に合併した企業である。

忠兵衛が誕生した頃には農業の傍ら麻・紅木綿などを商っていたが、父の長兵衛は家業よりも読書を好み、日枝村吉田の有力な商家の成宮家から嫁いだ母やゑが商売の中心となっていたという。忠兵衛は叔父の成宮武兵衛に連れられ、安政五年（一八五八）に近江麻布の持ち下り（上方の商品を地方で売り、地方の物産を仕入れて上方で売る）を始め、幕末には九州や周防国・長門国（現山口県）に商売を広げたが、その地盤を本家の兄へ譲る。本家との分離や持ち下りの限界を感じた忠兵衛は、大阪進出を決めた。明治五年（一八七二）、三〇歳の時、当時、古着商が集積した大阪の本町（現大阪市中央区）で、呉服・太物商の「紅忠」を開店した。

江戸時代には、呉服や関東織物は京に集められ、地方へ販売されていた。しかし、明治以降、近江商人たちが関東織物を担いで大阪へ進出すると、それまで古着を衣料としていた庶民が、関東織物を求めるようになった。新しい消費時代の幕開けである。すでに近江商人のネットワークで関東織物は入手できたが、紅忠は産地に店員を滞在させて直接仕入れることで、より安価な商品を販売した。紅忠は関東織物と地元の近江麻布を中心に売り上げを伸ばし、明治八年には間口八間（京間 約一五メートル）の大店舗を新築した。

この近江麻布の仕入れを地元で担っていたのが、母のやゑだった。江戸時代には流通の中心だった大阪も、明治維新の混乱で人口が減少し寂れていたが、この頃にはようやく復活してきて、本町界隈の店舗も古着商から呉服太物商へと変わっていく（以上、丸紅株式会社社史編纂室編『丸紅前史』）。

京店の開店

明治一七年（一八八四）一月、紅忠を「㊎伊藤本店」と改名し、同時に京都室町四条下ル鶏鉾町に「紅伊藤京店」を開店した。前年には京都にちりめん問屋を開き、持ち下り時代から忠兵衛を助けてきた羽田治平を支配人として彼に譲り、羽田商店が誕生、別家の第一号となった。忠兵衛はもともと京都の商風が気質に合わなかったらしいが、このマーケティングをもとに京都への関心が強まり、京店の構想を練った。

一方、明治一九年には大阪の心斎橋筋に洋服時代の到来を見越して、「伊藤西店」を開店し、羅紗（ラシャ）の直輸入も開始する。明治二三年には横浜の「日本雑貨商社」の株主となり、甥の外海鉄次郎を中心として、貿易事業へも乗り出す。とはいえ、貿易が本格化するのは、二代忠兵衛の時代のことである。

京店は明治二三年に室町通蛸薬師下ル山伏町へ、さらに二八年には京都室町四条下ルへと移転のたびに拡張し、嶋瀬芳太郎を主任に抜擢した。この頃、京呉服問屋には染絹紋付・友禅染・半襟（はんえり）・帯地という専門系統があったが、京店は染絹専門店として業界内では地位が低かったため、冠婚葬祭用に定着しつつあった黒紋付（くろもんつき）にまず焦点を絞った。黒紋付は嶋瀬が担当したものの、黒色が上手く出なかったため、のちに京都高等工芸学校二代校長となる鶴巻鶴一の教えを請うた（以上、前掲『丸紅前史』）。

初代伊藤忠兵衛の死

完成した生地「緋桜」は、明治三三年（一九〇〇）の皇太子嘉仁（のち大正天皇）成婚の際、宮内省から三井呉服店（のち三越呉服店）を経て用命を受けた。これを記念して「九重染」と改名し、翌年には特許権が認可され、京店（きょうだな）の評価は上り、この後、取扱品も白生地・西陣お召（めし）・肩掛・縮緬（ちりめん）類・友禅染などが加わり、京呉服総合店となっていく。

三年後の明治三六年、第五回内国勧業博覧会で、京店の主力商品になっていた「九重染」を製造していた紫野織物合資会社が「九重繻子」で名誉二等賞牌、本店（大阪）の「絹着尺物各種」が一等賞牌、京店の「羽二重黒紋付」が二等賞牌を受賞した（一二七頁参照）。初代忠兵衛は、この博覧会の見学を楽しみにしていたが、体調を崩す。熱心な浄土真宗本願寺派（通称、西本願寺）の門徒だった初代忠兵衛は「南無阿弥陀仏　となふる身と梅干しは　熱がありても　味はかはらし」という辞世を残し、見学はかなわず、六二歳の生涯を閉じた（前掲『丸紅前史』、図22）。

一方、兄の長兵衛はこの間にあっては、明治一五年に京都で呉服仕入店を開店し、明治二八年に姉小路烏丸東入へ移転、伊藤京店との競合を避け、帯地専門の伊藤長兵衛商店を開店し、九州を中心に手堅い商売を続けていた。

株式会社丸紅商店の誕生

大正三年（一九一四）、二代忠兵衛の時代に、伊藤本店・伊藤京店・伊藤西店（貿易事業）・伊藤糸店が合同して伊藤忠合名会社に改組した。さらに第一次世界大戦の好景気で企業規模が大きくなると、株式会社化による資本の増資や税制問題から、大正七年に、国内事業中心の「株式会社伊藤忠商店」と、貿易事業中心の「伊藤忠商事株式会社」に分離した。しかし、「株式会社伊藤忠商店」は、第一次世界大戦で急成長したものの、その反動から戦後恐慌では大きな打撃を受け、経営困難になった。そのため、大正一〇年三月には、主力取引銀行の住友銀行からの提案で、「株式会社伊藤忠商店」と堅実な商売で経営状況が良かった伊藤長兵衛商店を合併し、「株式会社丸紅商店」（丸紅）が誕生した。この時の店員数は本店（大阪）が一九五名、京都支店が一四四名だった（以上、前掲『丸紅前史』）。

図22　初代伊藤忠兵衛

丸紅商店京都支店のネットワーク

東京信用交換所京都支局『京都織物卸問屋総覧』（昭和八年刊行、以下、『総覧』と略す）には、京都織

表7　丸紅商店から独立し京都で開業した商店（明治末～昭和初期）

店名	創業年	出身地（郡・町村）	丸紅商店との関係
下川伊之助商店	明治三七年	愛知・八木荘	伊藤忠商店（現丸紅）京都支店に一〇数年奉公後、別家、独立
株式会社島瀬商店	明治四一年	犬上・豊郷	幼少より丸紅京都支店に奉公し、京都支店支配人に、病気退店、独立
藤井徳造商店	大正五年	神崎・北五個荘	大阪丸紅本店に幼少より奉公後、別家許可、独立
河村商店	大正八年	神崎・八日市	丸紅商店京都支店に幼少より奉公し、独立
小林庄商店	大正八年	犬上・東甲良	丸紅商店京都支店に一〇余年勤務後、組織改編で退社、独立
中川弥商店	大正九年	愛知・稲村	丸紅商店京都支店に二〇数年勤務後、制度改変で退店後独立
田中新蔵商店	大正一〇年	犬上・多賀	丸紅商店京都支店に約一〇年間勤務後、病気退店、独立
福地善助商店	大正一一年	蒲生・武佐	伊藤忠商店へ勤務し、合併後は丸紅商店で営業部長、退店
徳岡金三郎商店	大正一二年	神崎・八幡	丸紅商店京都支店に一五年余の奉公後、別家、独立
国領甚五郎商店	昭和元年	愛知・沓掛	丸紅商店に二〇年余勤務後、円満退店、独立
若松政吉商店	昭和三年	神崎・北五個荘	丸紅商店京都支店に二八年間勤務後、円満退店、独立
清水太三郎商店	昭和六年	愛知・秦川	伊藤長兵衛商店に勤務、合併後は丸紅大阪本店へ、兄の開業を手伝った後に独立

岩谷勘三郎商店	昭和七年	蒲生・日野	丸紅商店に三〇年余の奉公、東京支店長後、円満退店、独立
小泉精一商店	昭和八年	神崎・旭村	伊藤長兵衛商店へ奉公後、合併後は丸紅商店の幹部に、円満退店後、開業

（出典）東京信用交換所京都支局『京都織物卸問屋総覧』一九三三年より、丸紅商店から独立し京都で開業した商店を抽出して作成。
（注）創業年は個人。出身地は前が郡、後が町・村。

物問屋の四二七店について、経営者の出身地など多くの情報が記載されている。ここから丸紅商店から独立して京都で開業した商店を抽出したものが表7である。

京都市出身が一四七でトップの三四・四%、次いで滋賀県が一三二で三〇・九%、両者で実に六五・三%を占めている。近江商人系商店が、京都の染織品の販売に大きく関わっていたことがわかる。丸紅商店から独立した一四店の創業年の内訳は、明治期が二、大正期が七、昭和期（昭和八年まで）が五で、大正から昭和にかけて多かった。

丸紅商店から独立した商店の経営者の出身地を見ていくと、琵琶湖東岸の神崎郡が五、愛知郡が四、犬上郡・蒲生郡が各二となっており、ほとんどの者が幼少の頃から一〇年以上の奉公を経て独立している。独立する時、また独立後も、丸紅商店との関係が深い。九重染を生み出した嶋瀬芳太郎が京都支店の支配人を務めたのち、独立したのが島瀬商店だが、昭和六年（一九三一）の株式会社化の折、丸紅商店が出資している。

岩谷勘三郎商店は、悉皆（しっかい）業として丸紅商店の仕事のみをしており、田中新蔵商店も、京染悉皆店で丸紅商店京都支店の得意先を顧客とし、丸紅商店で形成したネットワークの活用が認められている。また、独立の際に丸紅で担当していた部門で開店したのが、小泉精一商店（西陣織物）・小林庄商店（京染・悉皆一式）だった。

近江商人系商店のさらなる広がり

ところで、丸紅商店の最初の別家は、明治一六年に支配人だった羽田治平とされる。しかし、『京都織物卸問屋総覧』の羽田商店の項目には伊藤忠兵衛（紅忠）、丸紅との関係が記述されていないため、表7には入れていない。羽田商店は昭和八年段階で店員が五〇人にのぼっており、経営者も代替わりしているため、古い紅忠時代のことが漏れたのだろう。このことからも、『総覧』は丸紅から独立した商店を網羅できていない。実際には、もっと多くの商店が丸紅から派生していたと考えた方がいいだろう。

この羽田商店からも、明治三三年に西村三治郎商店（犬上郡高宮町出身）が、別家独立している。丸紅商店京都支店の動きのように、店員が独立することで広がっていった動きは、他の商店にも多く見られた。

先駆者として京都で開店した者が郷里からの奉公人を受け入れ、長年勤務ののち、独立して本家を支えながら、京都室町に根づいていった。大正期から昭和初期にかけての日本経済は、大正三年から始まった第一次世界大戦の最中から戦後しばらく続く好景気と、その後、大正九年に襲った戦後恐慌、大正一一年の銀行恐慌、翌年に起こった関東大震災、昭和二年の金融恐慌、昭和五・六年の昭和恐慌と、不況が深刻化した時代である（後掲二〇四頁）。

そうしたなか、多くの滋賀県出身者が、京都の染呉服問屋になっていったことがわかる。そこには丸紅商店に代表されるように、近江商人ルーツのネットワークで、関東はじめ各地に仕入先や販売網を持っていたことが大きかった。

関東大震災後の東京進出

大正一二年（一九二三）九月一日、関東大震災が起こり、丸紅商店は新たな転機を迎える。丸紅商店は、伊藤忠商店時代の大正九年に東京支店を廃止しており、店舗の被害はなかったものの、得意先への売掛けを回収するのは難しかった。救援隊を派遣して、実態がわかるにつれ、再建の相談にも応じた。

年末には罹災を免れた浴衣地の染加工場を借り、本店と京都支店から数名を常駐させて、震災後の新たな需要に対する売込と取引の問題解決にあたらせた。被災した東京の取引先は東北や北海道などへ販売している場合も多く、大阪からの直送ルートもあったが、これを機に、販路を東へ伸ばして、全国販売網を完成し、大衆品の大量販売ができるようになっていく。

大正一三年一〇月、東京圏での友禅きものの市場調査と黒染模様紋付の百貨店の評価を得るため、伊藤忠三副社長は数名の京都支店員とともに約一〇〇〇点の呉服を、仕入部の田中忠三部長と懇意にしていた日本橋三越本店へ持ち込んだ。当時、呉服店から発展した百貨店では、意匠や流行を調査する研究所を持っていた。

その時、三越から東京で売れるのは一〜三点しかないと酷評される。とくに黒染模様紋付は東宮御所から注文を受け、内国勧業博覧会でも受賞を重ねていたこともあり、伊藤副社長は愕然とした。この報告を受けた京都支店の陌間（はざま）甚助支店長は、大正一四年に古い時代の優れた衣装を蒐集・研究し、時代に合わせた染織品の創作を目的とする「染織名品研究会（略称「名品会」）を設置した。この名品会で蒐集した染織品が現在の「丸紅コレクション」になっている（『丸紅ギャラリー開館記念展Ⅳ　染織図案とあかね會―その思いを今につむぐ―』）。

流行デザインを創出

また、関東大震災後に東京から京都へ避難してきた芸術家たちも、丸紅商店京都支店のきものの意匠（デザイン）へ大きな影響を与えていくことになる。

大正一二年四月に、東京で画家の竹久夢二・岡田三郎助・藤島武二らが、美術装飾全般を手がける「どんたく図案社」を発足させ、浴衣地なども発表した。ところが、九月に関東大震災が起こり、東京での事業展開が難しくなった。どんたく図案社の営業顧問で、文芸同人誌『白樺』のメンバーだった佐竹弘行は、拠点を京都に移し、京都の企業と結び付くことでプロジェクトの継続を考え、翌年八月、丸紅商店京都支店へ「芸術家の図案による染織」を提案した。

そして大正一五年には、このどんたく図案社と丸紅の意向が一致して、京都支店に、創作した意匠図案を発表する「草の葉会」が結成された。「草の葉会」は、初代伊藤忠兵衛と親交があった竹内栖鳳をはじめ、堂本印象・伊東深水・菊池契月などの日本画家、和田英作や石井柏亭などの洋画家、杉浦非水などのグラフィックデザイナーと、さまざまな美術分野の実力者が協力した。むろん地元の京都画壇の参加者が多かったが、従来の枠にとらわれない新しいジャンルの人たちが加わったことが、新たなデザインを生み出していく。

その後、佐竹弘行の急死により「草の葉会」は解散したが、佐竹の思いは継承され、昭和二年に新たに「あかね会」が発足し、約一〇年の活動のなかで七〇名ほどの芸術家が参加し、約六〇〇点の意匠図案を発表した。意匠図案の発表会となる染織逸品会は第二回から「染織美術展覧会（美展）」と改称され、今日まで継続されている（同前、および岡達也「丸紅商店染織美術研究会に関する研究」）。

現在、国内には四大繊維問屋街（市場）がある。東京（日本橋堀留）・名古屋（中区長者町）・京都（室町）・大阪（船場）の繊維問屋街では、和装は京都室町の取扱量が最も多く、流通のみならず、モノづくりに大きく関与していることが特徴である。丸紅のような、問屋がモノづくりを推進する例は、多くの京都室町問屋に見られた動きだった。

大正末期の銀座ファッション

今和次郎「東京銀座街風俗記録」

大正一二年（一九二三）、関東大震災が起こった。首都東京が壊滅するなかで、今和次郎（こんわじろう）（一八八八～一九七三）は、廃墟となった東京がどういう歩みをしていくのかを継続的に記録する仕事をしてみたくなり、「考現学」という新しい学問を立ち上げた。人類の過去を物質的遺物から研究する「考古学」に対し、現状を考察するのが「考現学」で、「社会学」の補助学だという（今和次郎『考現学　今和次郎集』第1巻）。

津軽藩の典医を代々務めた家の次男として生まれた今は、明治四〇年（一九〇七）に東京美術学校図按科（現東京芸術大学美術学部）に入学し、工芸品の各種図案の製作を学び、卒業後は早稲田大学建築学科助手になった。その後、講師、助教授、教授となっていくが、この間、柳田国男（やなぎたくにお）の調査に同行し、住宅や風俗など民俗学の調査も進めていく。

その最初の調査が「東京銀座街風俗記録」である。大震災の前からしきりに華美に傾いていた東京人の風俗を調査したいと考えていた今は、友人で同窓の舞台美術家である吉田謙吉（一八九七～一九八八二）や『婦人公論』編集部の協力を得て、大正一三年五月七・九・一一・一六日の四日間、銀座（京橋—新橋間）の街頭調査を行なった。そのなかで、「男の風俗」と「女の風俗」に分け、とくに服装については詳細な調査をまとめている。

和服と洋服の比

まず、興味深いのは男女の「和服と洋服の比」である（図23）。洋服を着ていた男性が六七%だったのに対し、女性はわずか一%、何度繰り返し調査しても同じ結果だった。今和次郎にとっても、この結果は意外だったようで、女性の洋装のように目につきやすいものは多数に感じられるらしい。関東大震災で東京の多くの人たちが衣服を焼失した翌年、日本のファッションの最先端をいく銀座の街でも、ほとんどの女性は和服を着ていた。

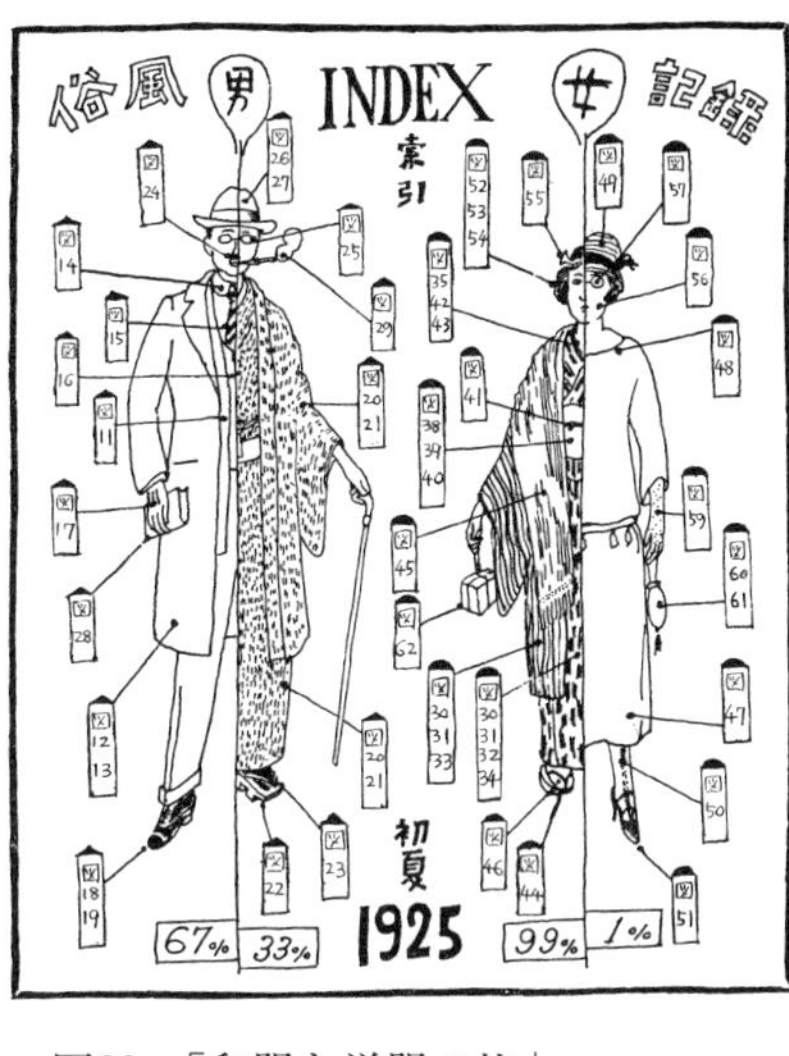

図23　「和服と洋服の比」
（『考現学　今和次郎集』第1巻より）

ちなみに、昭和に入ると、大正半ばから学生服として洋服の着用を経験した若い女性たちが、日常生活でも洋服を着用し始める。彼女らの社会進出が進んだことも洋服の着用を後押しした。しかし、女性全般に洋服が普及していくのは、戦時期にモンペの着用を経験したのち、戦後のことである（刑部芳則『洋装の日本史』）。

話を調査内容に戻そう。次に「平常着と外出着の割合」では、普段着のまま出てきた人は一〇人中一人、ほとんどの人が銀座という土地柄からか、外出用の着物を着ていた。さらに、女性の「着物と羽織の柄」は「着物(長着)」では五八人中、縞が二七人(四七%)、絣が二六人(四五%)、「友ゼン(友禅)」が五人(八%)、「羽織」では七五人中、縞が二二人(二九%)、絣が二九人(三九%)、「友ゼン」が二一人(二八%)、「無地」が三人(四%)だった。着物では縞や絣が圧倒的に多い。しかし、羽織では、京都が得意とする高級な友禅染が、絣や縞と肩を並べている。また「着物と羽織の地質(生地)」は、着物では銘セン(銘仙)(五〇・五%)、木綿(一六%)、お召(一二%)、メリンス(メスリン八%)、セル(七%)、錦紗(六%)など、羽織では銘セン(銘仙)(二四%)、錦紗(二〇%)、木綿(一六%)、お召(一二%)、メリンス(一一%)、大島(一〇%)の順で、着物でも羽織でも銘仙がトップである。

銘仙は大正から昭和にかけて大流行し、丸紅商店が全体の一割を流通させていた(後掲二一七頁)。銘仙のほか「お召」は主に西陣で、「錦紗」は丹後産地で織られたちりめん地の一種で、いずれも高級品だった。

銘仙とは

着物の地質の半数を占め、羽織でもトップの「銘仙」は、関東の伊勢崎・秩父・足利・八王子・桐生が五大産地で、大正から昭和にかけて、斬新なデザインと手頃な価格で、若い女性を中心に外出用のオシャレ着として、上層の女性には日常着として人気を博した。

もともと銘仙は、産地では自家用に生産され、江戸時代半ば、天明(一七八一~八九)頃から緻密な織物だったため、「目専」「目千」と称され、これが転じて「めいせん」となったという説がある。明治以降に徐々に商品化が進み、明治三〇年(一八九七)には「銘撰」という名称で東京日本橋の三越で販売された。銘々が特別に選定したもの、今日でいう「特撰」のような意味を持っていたが、それでは商品名として、ふさわしくないので、大衆着尺のなかでは「凡俗を超越したもの」として「仙」の字が当てられたという（伊勢崎織物協同組合編『伊勢崎織物史』）。

この銘仙の発展を支えたのは、使用した糸と染色技法の進化によるところが大きい。まず、銘仙に使用された糸は、生糸ではなく、繭から生糸を作る際、大きさや双子など形状が機械に合わない屑繭や生糸の屑を化学処理して作ったリサイクルの糸、紡績絹糸（絹紡糸）で、生糸より価格をおさえることができた。

話はさかのぼるが、紡績絹糸は、明治五年に生糸を生産する官営富岡製糸場が創業すると、明治一〇年には官営新町紡績所（現高崎市）が開業して生産を始める。当初は外貨を稼ぐため、一本でも生糸は輸出へという国の方針から、生糸不足になった国内向けの丹後ちりめんへの使用を想定したものの、不評だった。ただ、輸出向けの繭と生糸の生産量が増加するにつれて、屑繭をリサイクルすることは大きな課題となっていく。

明治二〇年に新町紡績所は三井組へ払い下げられ、明治後半には民間で絹糸紡績工場が創業する躍進期に入り、紡績絹糸の改良が進み、丹後ちりめんでも活用されるようになる。そして、紡績絹糸は大正半ばから昭和九年（一九三四）頃まで、輸出が本格化して最盛期を迎えた（濱崎實「絹糸紡績業の歴史的展開過程―創業期から戦前期まで―」）。

銘仙の染織技法「解し織り」

このように銘仙では量産された紡績絹糸を活用した一方で、「解し織り」という染織技法が、明治後半には足利・伊勢崎・秩父などで競って開発された。この「解し織り」は、経糸を織機にかけ、緯糸を仮織りしたものを板場に貼り付け、型紙を使い、糊を混ぜた化学染料をヘラで着色してから織り上げる。型紙の工夫次第で、大柄でも曲線でも自由に描くことができる画期的な技法だった（山内雄気「大衆商品「模様銘仙」の登場」）。

画期は明治四一年に、秩父出身でのちに秩父織物同業組合長に就任する坂本宗太郎が「絣製造装置」（特許第一四六三二）で特許を取得したことだった。当時、まだ東京高等工業学校（現東京科学大学）に在学中で、特許の申請は叔父の坂本久作の名義で行われた。この装置でできるのが「解し織り」で、秩父では、この特許を通称で「解し捺染」と呼んでいるが、同装置が生み出すのは、絣模様だった。その五年後、大正二年には足利の根岸藤平・関川粂蔵が「織物製造法」（特許二四六一二号）で特許を得ている。この特許は、解し織りの技法に型紙を用いて、経糸に模様を付ける方法で、多様な型紙を使用することで、さまざまな模様の銘仙を生み出すことが可能になった。

さらに、銘仙産地として先行していた伊勢崎も大正五年に多賀谷伊勢松・中村勘治・大和半弥を発明者、伊勢崎織物同業組合を特許権者として「硫化染料製造法」（特許第二八九一六号、出願は前年）で特許を取得している。この特許は白く色を抜く技法（白色抜染法）だった（伊勢崎織物同業組合編『伊勢崎織物同業組合史』、前掲『伊勢崎織物史』、前掲「大衆商品「模様銘仙」の登場」）。産地間が競って技術を磨き、次第に柄行や模様が豊富になり、昭和に入るとさらに、後発だった足利産地を中心にデザインが向上していく（次章「昭和恐慌と大衆ファッション」のうち「大衆化する絹織物」の節を参照）。

昭和恐慌と大衆ファッション

昭和初期

昭和大礼に沸く京都

恐慌から始まる昭和

大正後半から昭和にかけては、日本は第一次世界大戦による好景気で膨れ上がった財政のツケを払う時代に入る。大正三年（一九一四）からヨーロッパを主戦場に始まった第一次世界大戦は、日本に大戦景気をもたらしたが、大正七年に戦争が終わり、ヨーロッパの国々が復興してくると、輸出が不振となり、大正九年には戦後恐慌に陥った。大戦景気中に多額の借り入れをして急成長した企業の多くが、不況下で返済が滞り、大正一一年には銀行恐慌が発生した。そうしたなか、翌大正一二年には関東大震災が起こり、政府は不良債権に苦しむ銀行に対して日本銀行が損失の補填を行なう政策をとり、一時的に企業も銀行も猶予された。

しかし、昭和二年（一九二七）三月一五日、金融機関の状況を打開すべく審議が行なわれていた衆議院予算委員会で、大蔵大臣片岡直温（かたおかなおはる）（京都二区〈下京区〉選出）が失言したことから金融恐慌が発生した。その二年後には第一次世界大戦後も長らく好調を続けたアメリカのウォール街の株価大暴落から世界大恐慌が起こり、それが日本へも波及し、昭和五・六年の昭和恐慌となる。さらに昭和六年に起こる満州事変から日本が長い戦争の時代へ傾斜していくことからも、歴史学では昭和の幕開けは暗い時代として描かれる。

ところが、そのような歴史像とは対照的に、ファッションの世界は「昭和モダン」が叫ばれ、非常に華やかになり、近代染織における頂点の時代を迎える（山邊知行監修『京都の近代染織』）。高級品だった絹織物の大衆化も、実はこの恐慌のさなかから始まっていく（詳細は後掲の「大衆化する絹織物」の節参照）。

昭和天皇の即位と御大典ブーム

日本経済が第一次世界大戦後の経済低迷から抜けられない状況にあるなか、大正一五年（一九二六）一二月二五日、療養中の大正天皇が崩御し、摂政であった皇太子裕仁親王（のちの昭和天皇）が践祚（即位）、同日に昭和と元号が改められた。

ところで、京都は、この昭和の幕開けをどのように迎えたのだろうか。

大正天皇崩御から二か月あまりを経た昭和二年三月七日、ちりめんの産地である京都府北部の丹後半島を震源とするマグニチュード七・三の大地震が発生した（後掲二〇九頁参照）。その直後の三月一五日、片岡大蔵大臣の失言から金融恐慌が発生し、京都でも近江銀行や村井銀行など、いくつかの銀行が休業に追い込まれた。そのため、一時的には西陣の機業者、室町の呉服問屋、堀川筋を中心に営業した染色業者たちも火の消えたような状況になったという（京都市編『京都の歴史』9）。

このような試練のなかで、昭和天皇の即位大礼が、昭和三年一一月一〇日に京都御所で行なわれることになり、京都市民は期待を寄せていく。昭和二年二月の京都市会では、すでに大礼に関する予算を計上し、六月に宮内省に大礼準備委員会が組織されると、翌日には京都府知事を委員長とした「京都市大礼準備委員会」が発足した。一二年前の大正四年の大正大礼の時にも、京都では「大礼記念京都博覧会」が開かれ、その時は第一次世界大戦中の好景気もあり、好調だった記憶が京都市民によみがえり、沈滞したムードのなかで、一筋の光となった（同前）。

八月には、京都市主催で「大礼記念京都大博覧会」が開催されることが決まり、九月からは追加予算を計上し、烏丸通・丸太町通・河原町通など主要な通りのアスファルトやコンクリートの舗装工事、鴨川に架かる三条大橋や五条大橋などの修築工事に着手、主要街路の照明の整備も行なわれ、各商店でも店頭を改装し、市街は一新していく（同前）。

また、染織業者や呉服商らも、菊をはじめ慶事にちなんだ鶴亀・松竹梅などの動植物や品物を描いた図柄を「御大典模様」と名づけて販売し、それらが飛ぶように売れた（右田裕規「大正・昭和初期の祝祭記念品の都市購買者像」）。日本経済が低迷するなかで、京都は、この昭和天皇の即位大礼を梃（てこ）に活性化を図っていく。

大礼記念京都大博覧会の効果

昭和三年（一九二八）一一月一〇日の即位礼の執行をはさんで、「大礼記念京都大博覧会」が九月二〇日から一二月二五日まで九七日間、開催された（図24）。会場は岡崎公園の第一勧業館（現京都市京セラ美術館の場所）・第二勧業館（現みやこめっせの場所）を本会場とし、元京都刑務所跡地（千本丸太町・二条城北）と恩賜京都博物館（現京都国立博物館）の三会場であった。入場者数は約三一八万人、大正天皇即位大礼の時の「大典記念京都博覧会」の入場者数八六万人を大きく上回った（京都市総務部庶務課『京都市政史』上巻）。博覧会で販売された染織品や工芸品のみならず、多くの人たちが京都へ来たことで、土産物の販売店をはじめ、宿泊・飲食・

図24　大礼記念京都大博覧会

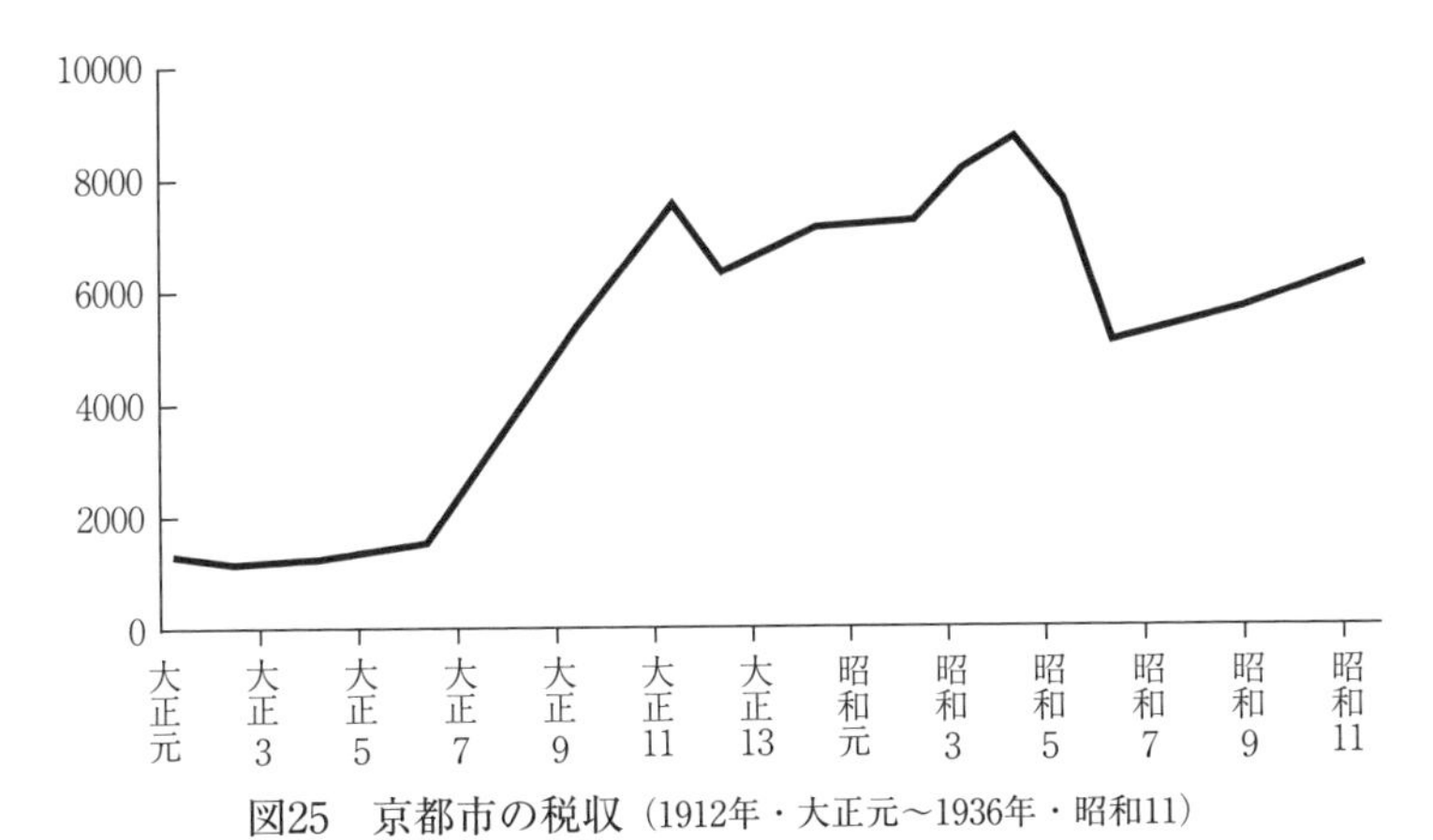

図25　京都市の税収（1912年・大正元～1936年・昭和11）

（出典）　京都市企画部庶務課『京都市政史』下巻（京都市役所，1940年）197～199頁より作成.

（注）　単位千円.

花街・交通（市電）など、多くの業界が潤った。

実際、大礼や博覧会は、京都市にどれほどの経済効果をもたらしたのだろうか。図25は大正から昭和にかけての京都市の税収を表したものだが、地方税は前年の所得をもとに算出されるため、一年遅れになる。

第一次世界大戦が大正三年より始まり、終戦を迎えた大正七年から京都市の税収は急増し、大正一一年には減少する。この時期の増加は大半の日本の地方都市でも同じだろう。ただ、減少幅は少なく、すぐに上昇に転じていく。大正一二年の関東大震災で壊滅した首都東京および関東圏では、復興に関わる需要が創出され、関西から生活物資や商品が送られた。高島屋では東京店が焼失したが、京都や大阪から商品を集めて送り、被災者の需要に対応した。

そして、昭和四年には再び税収は大きく上昇する。これが前年の大礼や博覧会による経済効果であり、税収から見る限り、京都市の昭和の幕開けは他の地方都市と違い、思いのほか好調だった。ただ、大礼が終わると京都の景気も落ち込み、税収は急降下していく。やがて、京都市には景気浮上の対策が求められるようになっていく。

大地震を乗り越えた丹後ちりめん

京友禅染の生地として、最も使われていたちりめんは昭和初期には約六〜七割を京都府北部の丹後地域（現京丹後市・宮津市・与謝野町）で、残りを長浜（滋賀）・岐阜・石川・福井で生産しており、「丹後ちりめん」の動向がちりめん業界を左右した。

北丹後地震の発生

その丹後地域は、昭和二年（一九二七）三月七日、丹後半島北部を震源とするマグニチュード七・三の大地震に襲われる。関東大震災からは四年後のことであった。平成七年（一九九五）に起こった阪神・淡路大震災とほぼ同じ規模だった。

丹後地域のなかでも、ちりめんの生産が盛んだった峰山町・網野町（現京丹後市）、加悦町・岩滝町（現与謝野町）の被害がとくに大きく、家屋倒壊率は七〇〜九〇％に達した。京都府内での死者は二八九八人、とくに峰山町の被害がひどく、死者は一〇〇〇人を超えた。丹後縮緬同業組合の組合員一三七一戸のうち、焼失倒壊家屋は七六％、織機五五九六台のうち全焼全壊と半焼半壊を合わせると八一％にまで及び、職工二二三〇人が死亡した（丹後織物工業組合編『組合史』）。

早い復興

ただちに丹後縮緬同業組合は「丹後縮緬復興に関する請願」を貴族院・衆議院の両院、首相、大蔵・内務・商工の各大臣、京都府知事に提出した。一方、京都問屋、西陣、全国の産地などから援助金や見舞金が寄せられ、三月末には丹後縮緬同業組合の組合員の二割が再開、その一か月後には戸数・機台数・生産額ともに半数以上が復旧した。

五月末には、政府の低利資金や機業共同作業場奨励金などが閣議決定し、震災から一〇か月後、昭和二年末には機業戸数一三五〇戸、織機五八八〇台となり、織機は震災前を上回った。丹後では大正一〇年（一九二一）段階で、手織機より力織機の台数が上回っており、すでに力織機へと転換していたが、さらに新しい優良な国産力機械がこの震災復興時に導入され、量産化が進み、価格低下に貢献した。

順調な復興の背景には震災当時、丹後縮緬同業組合の組合長だった吉村伊助（一八八〇～一九二八）が、衆議院議員（無所属のち政友会）として中央政界にパイプを持っていたことが大きい。兵庫県日高町（現豊岡市）の酒造家の二男に生まれ、峰山町のちりめん問屋の吉村家へ養子に入り、大正七年に多額納税者となり、京都府会議員を経て大正一三年から二度、衆議院議員に当選したが、復興に邁進するなかで、震災翌年の昭和三年三月一五日に他界した（前掲『組合史』）。

国練検査の実施

大震災を乗り越えた丹後では、昭和三年九月一日、悲願だった丹後国内で精練して検査を直接行なう国練検査制度が実現する。ここでは、そこに至る過程を追ってみたい。

すでに大正末年までには、丹後産地の網野・峰山・加悦・岩滝・口大野の五か所に精練工場を建設していた。丹後縮緬同業組合ではすぐに工場を稼働させ、生産者から集めたちりめんを精練し、各工場に

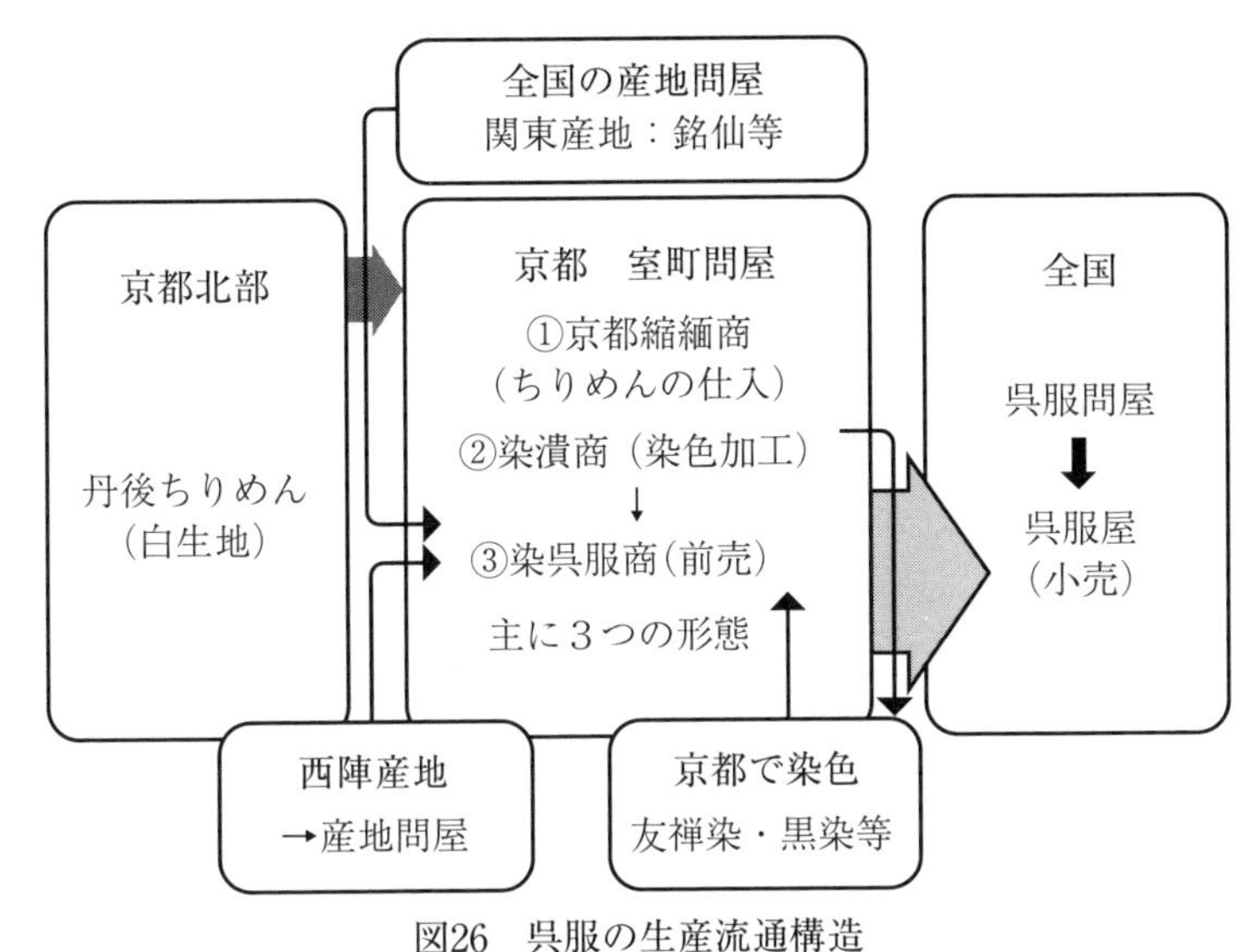

図26　呉服の生産流通構造
（出典）　森口繁治編『京都商工要覧』（京都商工会議所，1938年）の「京都呉服」392～426頁をもとに筆者が作成．

設置した検査場で品質検査を行ない、基準を満たした製品に組合が保証印を押し、ブランド化した上で出荷しようとした。しかし、それまで有利な取引をしていた京都の縮緬商（問屋）や精練業者たちから反対を受けた。

ここに当時の政治状況が絡んでくる。大正一四年三月に普通選挙法が通過し、納税要件が撤廃され、二五歳以上の成人男性の普通選挙が実現することになった。同法のもとで、昭和三年二月に第一回普通選挙が行われ、政党政治が展開された。大きく見ると京都縮緬商を与党の立憲政友会が、丹後縮緬同業組合を野党の憲政会（のち立憲民政党）が支援した。ただ、丹後のなかでも与謝郡（現与謝野町）のちりめん製造業者は京都縮緬商との関係が深く、反対者もいて、国練検査制度の導入は単純にはいかなかった。一時は実施が難しいと思われたが、両者の仲介をしたのが大手の京都染呉服商だった。

京都問屋との関係

ところで、京都の織物や呉服の問屋は通称で室町問屋（一八八頁参照）と呼ばれ、

①　丹後からちりめんを仕入れる「京都縮緬商」（問屋）

②　①から生地を仕入れて染色業者へ発注・加工する「染潰屋」（問屋）

③　②から仕入れた反物や自らデザインした反物、西陣の帯、さらに全国の産地の織物や反物、小物などをまとめて地方の問屋や呉服商に販売する「染呉服商（大手は商社）」（問屋）

と三つに大きく分かれていた（図26）。③の染呉服商のうち、丸紅商店京都支店・安藤商店・市田商店・吉田忠商店の四店は、この頃、京都の織物問屋のなかでも抜きん出て大きく、「四大商店」と呼ばれ、京都呉服市場に大きな影響力を持った。

この四店が国練検査の実施を支援し、全国の百貨店で「丹後縮緬国練宣伝大会」を展開した。ただ、丹後縮緬同業組合と四大商店が直接つながり、白生地のままのちりめんの反物が百貨店で直接消費者へ販売されるようになると、これまで流通の中間に位置していた京都縮緬商には面白いことではなかった。国練検査の実施は、京都縮緬商と丹後との間、京都縮緬商と染呉服商との間に新たな軋轢（あつれき）を生み出していく。

昭和恐慌期の京都

全国初の「観光課」

京都市の大礼景気が終息した昭和四年（一九二九）一〇月、アメリカで世界大恐慌が発生した。それでも浜口雄幸（はまぐちおさち）首相は、昭和五年一月から金解禁を断行した。金解禁は国が保有する金の量だけ紙幣を発行するという制度で、浜口は一時的に景気が悪化するものの、国の経済力以上に膨れ上がった財政を立て直せると国民に訴えた。この影響により、日本は昭和五年から六年にかけては、昭和恐慌に陥り深刻化した。また、浜口はこの年四月に、勅令で鉄道省の外局として国際観光局を創設した。昭和恐慌下で観光振興による経済効果と外国人観光客を受け入れて国際親善を図り、協調外交の一助にしたいという思惑があった。

政府の方針を受け、昭和五年五月に京都市は全国の都市では初の「観光課」を設置した。設置の約三か月前（二月二四日）、京都市会における昭和五年度の予算審議では、八木重太郎議員が観光政策についての次のような発言をしている。

中央政府ニ於キマシテモ観光局ト云フモノヲ設ケテイロ〱ノ方法ヲ考ヘテ居ルノデアリマスガ、

殊ニ我京都市ニ於キマシテハ最モ是等ノ中心ヲナス都市デアリマスルガ（中略）今日ノ此予算面ニ付テハ何等之ニ対シテ計上サレテ居ナイ（中略）財界不況ノ際ニハ殊ニ斯ウ云フコトガ我京都市ハ遊覧都市トシテノ上カラ見テモ是非必要ダト思フノデアリマス

（京都市会編『京都市会会議録』昭和五年上、九八一頁）

国は観光局を設けて方法を考えているが、京都はその最も中心都市でありながら、予算が計上されていない、財界不況の今、遊覧都市として観光に関する政策が必要だという。当時は「観光都市」ではなく、「遊覧都市」が同じ意味で使われていた。

観光も産業も

実はこの頃、京都市では好調だった昭和大礼の余剰金を活用して、美術館の建設が議論されていた。翌日（昭和五年二月二五日）の京都市会では、日暮正路議員が産業政策について、遊覧都市として市は美術に専念しているが、産業方面をも考える必要があり、西陣織物は振るわず、桐生や足利の品に圧倒されている、と主張する（前掲『京都市会会議録』昭和五年上）。さらに、日暮議員は、土岐嘉平京都市長に、市が特産品事業を自ら経営する考えがあるかと問うた。それに対し、土岐市長は、

今日京都市ノ特産品トシテ誇ルニ足ルベキモノハ漸次衰ヘテ行クト云フ傾向ガアルコトハ私共ノ常ニ憂慮シテ居ル所デアリマス（中略）イロ〳〵美術工芸品ナリ、又西陣織物モサウデスガ、極ク優秀ナルモノハ製作致シマシテモナカ〳〵売行ガナイノデアリマス（中略）国家トシテ保護スベキデハナイカト云フ意見モアル、京都市トシテハ勿論ノコト出来ルダケノコトハ致サナケレバナラヌト思ツテ居リマス

（同前、一〇二三頁）

と答弁した。京都市の特産品が衰えてゆく傾向にあり常に憂慮していること、美術工芸品や西陣織物が非常に優秀なものを製作しても売れないため、国家として保護すべきではないかという意見もあり、京都市としてはできるだけのことをしなければならないと述べた。

当時、京都市にとって西陣織物の不振は大きな課題で、土岐市長は一般の失業対策は土木作業だが、西陣の救済には雑巾刺しを依頼しているとも答弁しており、職人の救済策に苦心していた。昭和四年末には、京都府・市・商工会議所をはじめ、当時、気鋭の経済学者だった本庄栄治郎京都帝国大学教授も参加して、「西陣織物振興会」を発足させ、その振興策を模索していた（西陣織物同業組合編『西陣織物振興策ニ就テ』）。

確かに京都は江戸時代から観光都市だったが、一方で、今日までモノづくり都市でもある。昭和恐慌期の市会は産業振興と観光振興で揺れており、京都市には産業も観光も両者を振興できる新たなモノが求められていた。

阪急百貨店での店頭販売

ところで、先に国練検査を実現した丹後ちりめんは恐慌下にどのような展開を見せるのだろうか。四大商店の支援を受け、全国の百貨店などで「丹後縮緬国練宣伝大会」が開かれ、白生地での販売が始まる。従来の三越や髙島屋など呉服商をルーツとする百貨店だけでなく、昭和になって新しく登場する鉄道系の百貨店でも販売されるようになる。

その代表が昭和四年四月に大阪梅田で開業した阪急百貨店だった。創業者の小林一三（こばやしいちぞう）は、「大衆の夢を形に」をスローガンに「良いものをより安く」を前面に押し出し、大衆を集客した。開業から半年後にはアメリカで世界大恐慌が発生したが、大量仕入れによる安価販売を実施し、開業からの勢いは止まることを知らず、すぐに売場が増床された。阪急は開業当初、呉服売場では、主に大衆品の銘仙(めいせん)を販売し、高級品のちりめんは扱っていなかった。しかし、増床された売場には顧客の要望が大きいちりめんが並んだ。すべて丸紅商店から入荷した丹後ちりめんだった（阪急百貨店社史編集委員会編『阪急百貨店二五年史』）。

未精練の時は販売ルートが京都縮緬(ちりめん)商しかなかったが、白生地としていちおう完成したので、大きく販売先が広がった。当時は市中に染屋もたくさんあり、染色した反物は高価だが、生地だけならば大衆にも手が届き、まず生地だけを購入し、余裕ができた時に好きな染色をするということができた。昭和恐慌期のデフレのなかで、高級品だったちりめんを安く確保しておきたいという大衆心理も働いたのだろう。

とくに、第一次世界大戦後から、国産化学染料も潤沢になり、女性の喪服として、黒のきものが普及していくと筆者は考えており、ちりめんは染生地としての需要が大きかったのではないだろうか。

たとえば、昭和二年に起こった山一林組争議（長野県岡谷）は戦前の製糸業界では最大の争議で、女性が主体となった初めての争議といわれるが、一〇〇人近い女工たちが参加したデモの写真を見ると、全員が黒の喪服と袴(はかま)を着ている（市立岡谷蚕糸博物館蔵）。争議という特別な場に決意を込めて喪服を着用したことは圧巻で、見た人たちに大きなインパクトを与えただろう。自身のものでなくとも、借りてでも全員が喪服を調達できたことを思うと、黒の喪服の広がりが想像されよう。

丸紅商店京都支店の拡大

このような染生地となる丹後ちりめんの阪急百貨店ルートを開いたのは丸紅商店京都支店だった。同支店は昭和初期の室町問屋のなかで売上のトップを走っていた。丸紅商店は当時、本社・本店・毛織部を大阪に置き、京都支店・絹糸部・西ノ京工場を擁していた。

本社は全店・工場の統括、本店は営業の統括・絹布・綿布・洋反物・雑貨など、毛織部（のち大阪支店）は毛織物・羅紗（ラシャ）・綿布モスリン・毛糸など、京都支店は高級呉服、そして西ノ京工場は、本店洋反部が京都支店意匠部の図案をもとに製造する専属モスリン工場だった。昭和三年には、高級呉服の販売と関東織物の仕入れを行なう東京支店を開き、昭和六年には毛織部を大阪支店に拡大した。

この丸紅商店の昭和二年から一〇年の売上高と利益（数値は半期分）を追ったのが、表8である。売上について、全体では、昭和五・六・七年の昭和恐慌期には、やや落ち込む。利益は昭和四年が最も悪い。ただ、売上が最も低かった昭和六年の利益は、逆に前後の年より高くなっており、世界大恐慌、昭和恐慌の影響は少ないといえよう。また、表8の○印は、売上および利益が最も高かった店で、△印はマイナスを示す。売上ではすべて毛織部（大阪支店）がトップだが、利益では昭和二年から七年まで京都支店がトップである。売上は圧倒的に毛織部が多いにもかかわらず、実際の利益では京都支店が首位を走った。

本店は大衆を対象とした量の商いで、大正から昭和にかけては銘仙の全生産量の約一割を扱う最大手だった。それに対し、京都支店は量より質・意匠（デザイン）を重視する高級呉服を中心に置いたが、大正一一年（一九二二）に陌間甚助（はざまじんすけ）が支配人となってからは、ちりめん・羽二重（はぶたえ）の白生地、友禅染や染絹、黒紋付（くろもんつき）などの中級品も交えた積極路線をとった（丸紅株式会社社史編纂室編『丸紅前史』）。

京都支店は、昭和三年には西陣で商標「エキストラ」を付けた、お召（めし）製造工場を直営し、さらに、昭和恐慌期には染呉服を軸に置きながらも、大手商社の強みを発揮して銘仙・関東織物・洋反物など扱い、商品の幅を広げていく。従来の高級品だけでなく、近江商人が得意とした大衆向けの関東織物、低価格

京都支店	絹糸部	東京支店	西ノ京工場	合　計
3,028,848 ○ 126,006	3,791,495 20,675		 17,794	30,583,968 441,635
4,337,907 ○ 160,100	6,223,785 102,379	613,403 20,509	 21,036	41,121,241 535,100
4,959,694 ○ 300,813	6,812,998 40,159	884,718 10,181	 10,148	39,163,439 256,236
4,492,789 ○ 225,095	5,644,919 51,125	1,838,564 219	 10,034	35,340,108 459,532
4,228,508 ○ 270,032	5,805,676 60,198	2,450,973 177	 2,353	33,920,158 617,025
4,311,873 ○ 241,787		3,136,727 20,195	 177	35,379,970 468,767
4,754,549 255,051		3,975,072 82,092	 10,362	49,881,882 652,249
4,466,492 220,459		6,338,791 70,869	 7,473	60,509,248 668,659
5,628,031 320,172		6,099,933 71,457	 11,095	61,533,346 589,113

表8　丸紅商店各店の売上と利益（昭和２～10年）

期		本　社	本　店	大阪支店
昭和２年５月	売上		10,488,428	○ 13,275,197
	利益	53,377	122,922	100,861
昭和３年５月	売上		10,811,743	○ 19,134,403
	利益	1,188	118,638	111,250
昭和４年５月	売上		11,004,445	○ 15,501,584
	利益	137,337	234,419	△476,821
昭和５年５月	売上		10,062,195	○ 13,301,641
	利益	△37,590	180,628	30,021
昭和６年５月	売上		9,556,891	○ 11,878,110
	利益	△102,936	266,071	121,129
昭和７年５月	売上		8,928,685	○ 19,002,685
	利益	△111,108	195,714	122,002
昭和８年５月	売上		11,051,331	○ 30,100,930
	利益	△121,362	○ 256,027	170,079
昭和９年５月	売上		12,382,131	○ 37,321,834
	利益	△191,850	○ 301,154	260,564
昭和10年５月	売上		13,575,013	○ 36,230,369
	利益	△389,468	○ 358,852	217,005

（出典）　丸紅株式会社『丸紅前史』1977年，212・213頁をもとに作成.
（注）　昭和６年まで大阪支店と毛織物部が両方記載.
○は売上・利益が最も高い支店，△は負債，単位は円.

化したちりめんなど、多様な商品を取り扱うことで不況を乗り越えていった（北野裕子「近代京都染織業と近江商人系商店」）。

大衆化する絹織物

京都重要商品の動向

京都市会で、観光も産業もという振興策についての議論が展開されていたのは、昭和五年（一九三〇）一月の金解禁実施の翌月のことだった（二一四頁参照）。『京都商工会議所調査報告書』（昭和五年一〇月、以下、『報告書』と略す）によると、秋頃には政府がこれまでの峻厳（しゅんげん）なる緊縮一点張の態度をやや改めたので、昨年末の経済財界恐慌に対する息詰るような不安の気分が幾分緩和された感があったという。このなかで、京都の「重要商品」について、当時の様子を次のように記述している。

京都重要商品中、西陣織物の如きは徒（いたずら）に警戒の厳重に失し折角到来の乗ずべき好機を逸し、其の他陶、銅、漆、扇は何れも何等関知せざるものの如く依然静閑を極めて越月した。唯（ただ）最も活況を呈したのは関東織物で、其の品払底のお蔭を蒙つたのは独り染呉服類のみであつた。

（『報告書』昭和五年一〇月）

ここには、西陣織物は市場動向への警戒が厳重すぎて、せっかく到来している好機を逃し、その他の陶器・銅器・漆器・扇の業界は、いずれも何ら関知せずに静観していたとある。最も活況だったのは関東織物で、関東織物が売れ切った恩恵を受けたのは染呉服類のみだった。関東織物や染呉服類が「好機」をとらえたのに対し、西陣織物や工芸品が逃している「好機」とは何だったのか。

高級品と大衆品

この『報告書』は、さらに大衆の絹織物への需要心理の動きに注目するよう述べる。

> 今季絹物の売行旺盛は勿論大衆向値頃に価格の低落してゐた為めであつて之を以て大衆の生活全般が向上したと観る事は軽率であろうが、人情として一旦絹物を着た者が再度木綿物に戻ることは頗る困難であるから絹物の相場が激騰せざる限り、今後と雖も大衆は絹物に対する購買心を捨てない事が想像出来るから引続き大衆向を基調とした絹織物の値頃品を製織し又は販売することは当業者として当然執るべき方針であろう。
> 其他の重要商品と雖も徒に高級品たる空名をのみ誇とせずして現代大衆の生活の実際に即した物品を創造し、而も値頃に之を提供することが軈て自己の業を隆盛に導く所以であることと知るべきであろう

『報告書』は、今季の絹物の売れ行きが旺盛なのは、大衆向けに値段が低下したためだが、一度高級品である絹物を着た者が、再び木綿物に戻ることは難しいという。そして今後も大衆向を基調とした絹織物の値頃品を製織して販売することを勧める。さらに他の重要商品は高級品ということのみ誇りとせず、現代大衆の生活に即した製品を創造し、値頃に提供することが自らの業界を隆盛に導くことをもっと知るべきだと述べている。

それでは、大衆向けの値頃品とはどのような染織品だったのか。また、ターゲットとする「大衆」とはどんな人たちだったのか。昭和六年二月の「猫も杓子もお蚕ぐるみ　生糸安が齎した絹織物全盛時代」という新聞記事から探ってみよう。

> **銘仙を着る大衆**
>
> 現に尾州方面における農村の娘さんや紡績女工さんの如きは従来常着として木綿縞や絣、よいところで紡琉絣を着ていたものが世間に不景気風の吹き荒むにつれて銘仙を着るようになり昨今では木綿縞、絣を着ているものは珍らしいという変り様である、これは一つに銘仙類が三四円で手に入るようになつたからであつて、この事実は独り尾州地方のみでなく全国の都鄙共通の現象らしく、絹布機業家は一度び絹物がかやうに全国都鄙の素人筋に行き渡つたからには本年もまた昨年同様に銘仙を中心として縮緬や平絹（染生地）の需要が活発であろうと先行きを楽しみ早取らぬ狸の皮算用をして懐ろの温り加減を夢みてゐるとか
>
> （『大阪朝日新聞』一九三一年二月一〇日）

尾州（愛知県西部）方面の娘や紡績女工は従来、常着として木綿縞や絣を着ていたが、世間の不景気風が吹き荒れると、安価な絹物の銘仙を着るようになり、今では木綿縞や絣を着るのが珍しくなっている。この現象は銘仙類が一反三、四円で手に入るようになったからだという。

銘仙の原料糸の紡績絹糸が、昭和恐慌期には輸出が低迷して糸価が低下し、さらに第一次世界大戦中から進んだ国産化学染料や国産力織機が導入され、安価量産が可能になっていた。この一反三円という金額を現在に換算すると一万円前後かと思われる。ちなみに後述する同時期の丹後ちりめんは、購入後に染色が必要な白生地ながら、一反一〇円前後の価格で、銘仙の三倍近いものだった（二二五頁参照）。

銘仙類が安価になってきたことにより絹織物の需要を創出し、この現象は尾州だけでなく、全国各地

の都市部でも農村部でも共通して見られた。絹布の機業家は、こうした現象が全国に拡大したからには、本年も昨年同様、銘仙を中心に、銘仙よりも高価な絹物、ちりめんや平絹の需要が活発になるだろうと、大衆の志向が上昇していくことを予想する。この「大衆」とは、都市部の中間層だけでなく、全国の農村の娘や紡績女工までを含む広範な人々だった。

足利銘仙と京都

銘仙は絹織物としては低価格だが、色や柄・模様が付き、自分で縫製したら、着用できたことから、社会に進出し、毎日の着替えが必要になった若い女性たちにとっては魅力的な生地だった。単に価格だけでなく、需要を喚起するため、意匠（デザイン）にも最新の流行を取り入れた。

先にも述べたように（二〇〇頁参照）、銘仙は明治後半から伊勢崎が絣模様、秩父が縞模様で先行していたが、昭和になって躍進するのが、足利産地の銘仙だった。昭和二年にデビューした「足利本銘仙」は、経糸に上等な紡績絹糸を使用し、解し織り（経糸にごく粗く仮の緯糸を入れる）、解し加工（解し織りをした経糸群にデザインを型で染める）したのち、仮の緯糸を外し、緯糸（先染めの撚りのかかった生糸）を打ち込んでいく織物だった。足利では、すでに大正二年（一九一三）に根岸藤平と関川粂蔵によって織物製造法（解し織りによる模様付）で特許（特許二四六一二号）を得ており、多様で優れた意匠（デザイン）の「模様銘仙」（解し銘仙より改称）に注力した。

足利本銘仙は足利産地に支店を置いて集荷をする京都盛奨会（四大商店を含む京都の関東織物仕入れ問屋グループ）や、三越など百貨店が展示会を開催し、大量に販売した。同時に足利織物工業組合では、一流の画家たちが足利本銘仙を着た女性を描いたポスターを製作した（図27）。日本画家では鏑木清

図27　足利本銘仙のポスター（山川秀峰筆，函館市中央図書館所蔵）

方・北野恒富・伊藤深水ら、洋画家では川島理一郎らがいた。とくに足利の織物買継商（生産者から買い集めた織物を問屋へ販売する）の家に生まれた川島はパリ在住が長く、銘仙の意匠にバラやチューリップなどの洋花が登場してくるのは彼によるところが大きいとされる。また、川島と洋画家浅井忠（京都高等工芸学校）との交流も確認されている（日下部高明『京都、リヨン、そして足利』）。

このように、後発の足利が意匠に重点を置いた背景には、京都初の海外留学生として、フランスのリヨンで織物技術を学んだ近藤徳太郎が、明治二八年（一八九五）に栃木県工業学校へ校長として着任したことが思い浮かぶ（前掲九七頁参照）。近藤は明治三九年に工業学校内に栃木県図案調整所を設置し、所長を兼ね、自らが国内・海外調査で蓄積した図案（織物意匠）を業界に無料で提供した。その後、六〇歳になる大正六年まで校長を務め、大正九年に病気のために亡くなった。栃木県図案調整所は近藤の退職後、足利織物同業組合へ移管され、業務を拡大した（同前、年表）。

近藤と銘仙の直接の接点は確認できないが、彼が足利産地のデザイン向上に一役買ったことは間違いないだろう。また、銘仙の販売を促進したのは、丸紅商店京都支店を筆頭とする京都盛奨会であり、昭和初期の京都と足利産地は銘仙を通じて深く関わっていた。

ちりめん価格の低下

ところで、先の大阪朝日新聞の記者は、銘仙に次いで、さらにちりめんの需要の伸びを予想しているが、これは当たるのだろうか。昭和五年秋当時、多くのちりめんを扱っていた丸紅商店京都支店長の矢守治太郎も、『大阪朝日新聞』の記事と同様、大衆の需要を予想し、次のように語っている。

> 生活向上に拠る高級品への憧れは人世の通有性あるが故に、仮令政府の緊縮、節約の声如何に大なりとも、養蚕地或は特種(ママ)の事情に由る農村地方を除く都会地に於ては寧ろ本年の如き前年より三四割方安値は却て絹布に対する需要を喚起せしめるであろう。（中略）
> 元来縮緬と言へば即ち織物界中の最高級品贅沢品視されてあつたが本年に於ては、十円を以て相当品を容易に求め得ると云ふ画期的安値を見せた事に於いて大衆年来の憧れを満足せしめ為めに相当の需要を呼ぶものと思惟さるゝ。（中略）不景気とは云へ丹後縮緬の将来は前途に洋々たる観を持つものと考へる
>
> （丹後縮緬同業組合『丹後縮緬』宣伝号、一九三〇年一〇月一日）

政府が緊縮策を訴えても、人には生活向上による高級品への憧れがあり、養蚕地や特殊な事情がある農村を除けば、前年より三〜四割の安値のため、絹布に対する需要が喚起されるだろう。とくに、ちりめんは大衆の長年の憧れの最高級品で、一〇円で相当な品が得られるというのは、画期的な安値であるから、需要が見込まれ、不景気とはいえ、丹後ちりめんの将来は前途洋々だ、というのである。

生糸価格の低下

では、なぜ、ちりめんが「画期的安値」になったのだろうか。まず、原料となる生糸の価格が、最高値だった大正一三年に比べ、昭和五年には約四分の一に低下していたことがある（図28）。その理由は、

① 第一次世界大戦の好景気を受けて、多くの農家が副業として繭を生産し、さらに植民地の台湾や朝鮮半島でも生産されたこと、

② アメリカへの輸出が中心だった日本の生糸は、アメリカで始まった世界大恐慌で輸入制限を受け、売れ行きが低下したこと、

③ アメリカのデュポン社によるナイロンの発明を発端に、レーヨン（人絹）など化学繊維が開発され始めたこと、

などがあげられる。幕末の開国以後、輸出市場に回っていた生糸が、昭和初期には価格が下がり、やっと国内のきものへ向けて活用され、丹後ちりめんも紡績絹糸から脱却し、九割以上が生糸製になった。このように、近代において、きものの多くが生糸製になるのは、昭和以降の話で、今でも古着市場では昭和初期のきものが上質といわれているのは世界恐慌の恩恵である。

ところで、先の大阪朝日新聞の記者、および丸紅商店京都支店長の矢守治太郎の見通しは、実際に当たったのだろうか。

丹後ちりめん黄金時代

丹後ちりめんにとっては、震災後の優良力織機導入による量産化の進行、国練検査の実施による白生地での販売、恐慌下での原料生糸の価格低下と、昭和初期から有利な条件が整っていった。実際、図29に見られるように、丹後ちりめんの売れ行きは好調で、昭和四年一〇月に発生した世界大恐

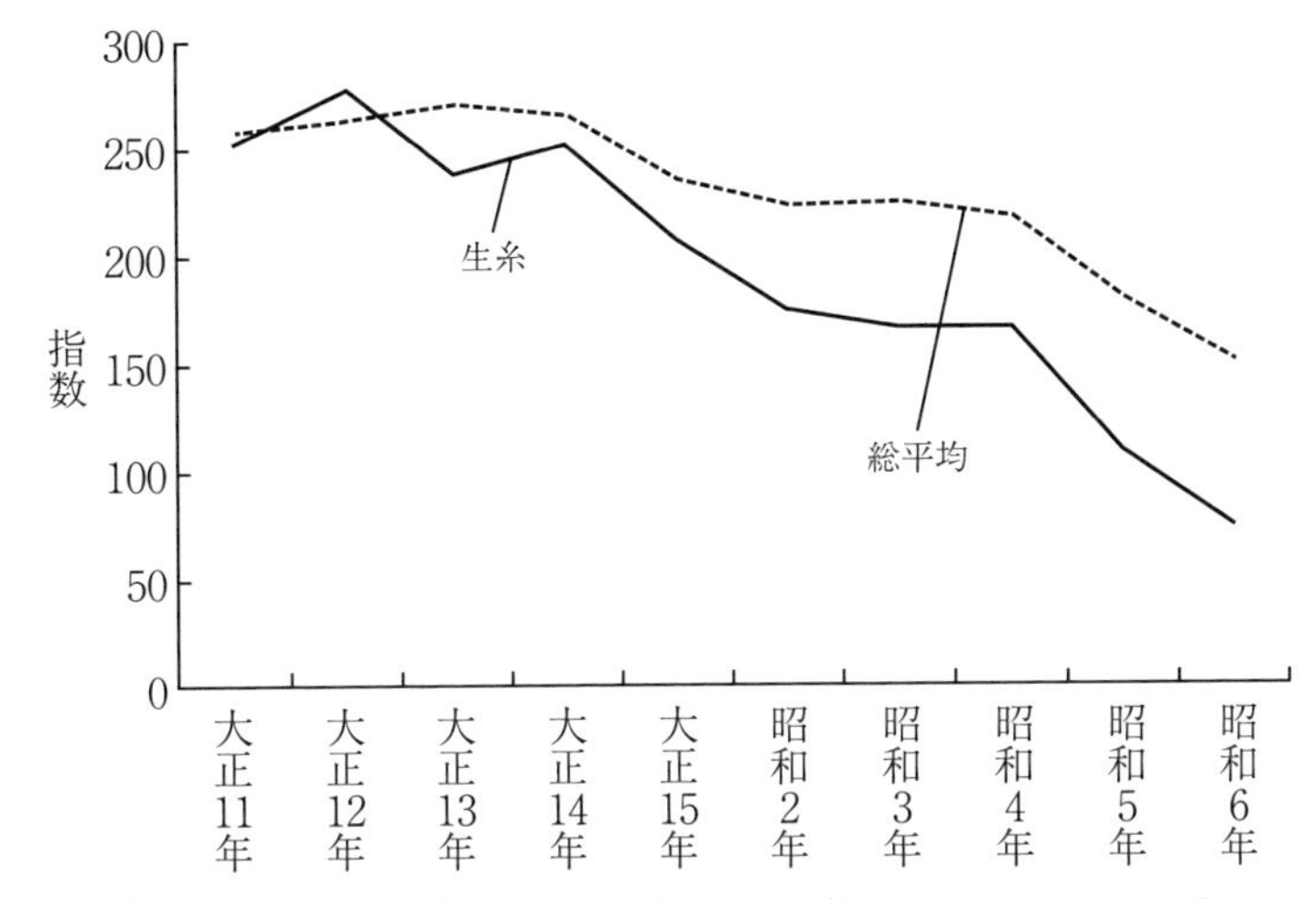

図28　生糸と総平均卸売物価指数の推移（大正11年～昭和6年）

（出典）　日本銀行統計局編『卸売物価指数（明治20年～昭和37年』（1964年）から，生糸と総平均卸売物価指数を抽出して作成.

（注）　明治33年10月＝100とした指数.

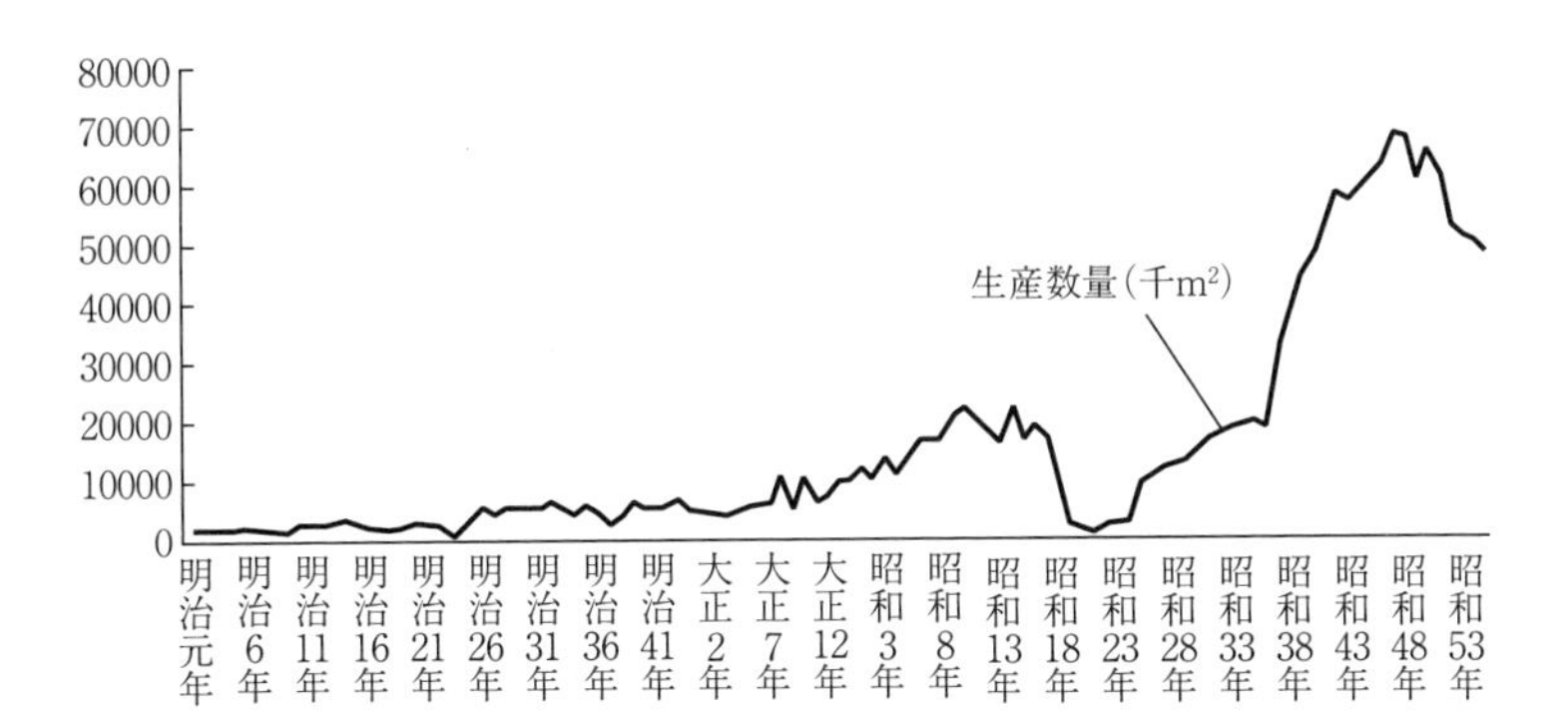

図29　丹後における織物の生産数量（明治・大正・昭和）

（出典）　丹後織物同業組合『組合史』1981年の巻末資料をもとに作成.

（注）　元データは反と㎡が混在しているため，一反＝4.2㎡で換算し，㎡で統一した.

慌の影響が日本に及んだ昭和五・六年の昭和恐慌期頃でも成長を続けた。

昭和三年以降、小波はあるものの、売れ行きは右肩上がりを示し、日中戦争下の昭和一五年に奢侈贅沢品製造禁止令が施行され、その翌年には企業整備が始まり、アジア太平洋戦争下で、ちりめんの生産ができなくなっていく（後掲二四六頁）。

昭和戦前期は、丹後ちりめんにとって、近代における最盛期となった。昭和七年七月二日の『染織日出新聞』には、「丹後縮緬　黄金時代」の見出しが躍る。冒頭の記者と矢守支店長の予想は的中した。京染の生地となる絹のちりめんが高級品から大衆化したことで、京都の染色業も拡大していく。

古都から産業都市〈染織の都〉へ

昭和戦前期

京都染織物見本市から染織祭へ

京都染織物見本市の開催

やや時代は戻るが、大正一五年（一九二六）秋、第一回京都染織物見本市（昭和五年秋から「日本染織物見本市」に改称）が岡崎の京都市勧業館で開会された（図30）。その時、京都市長の安田耕之助は次のように挨拶した。

美術の淵源、染織の都と謳われた京都に、精巧なる西陣織、優美高尚なる京染が生産せられてゐることは、所謂名実相伴ふて京都の誇りである。蓋し、京都の産業的生命は、これによりて保持せられてゐることは今更喋々を要せない、（中略）内外各地の有力なる販売業者諸氏を招待して実際の取引を行ひ、主として因習を棄て、取引の単純化を図り、冗費を省いて商品の価格を低廉ならしむることに努め、以て需要の円満を期することが企図された（中略）将来独逸のライプニッヒに於けるメッセの如くあらしめたく切望してやまない

（田中盛憲編『京都染織物見本市案内』）

安田市長は、美術のルーツ、〈染織の都〉と謳われた京都には精巧な西陣織、優美高尚な京染が生産されていることは、名実ともなって「京都の誇り」であり、京都の産業的生命は両者によって保持され

ている。今回、国内外の有力販売業者を招待して、これまでの因習を棄て、取引を単純化して無駄な費用を省き、商品価格を安くすることに努め、需要が促進されることが企図された。この見本市を将来、当時は世界最大規模を誇っていたドイツのライプニッヒ（ライプチヒ）のメッセのようになることを切望すると述べている。

これまで京都の問屋は、京都をはじめ、全国の産地から仕入れて全国の問屋や呉服店へ販売に出かけていたが、この見本市に国内・海外から有力な問屋や呉服店を招待し、会場で見本を見た上で注文してもらう、この注文生産は無駄をなくし、価格を抑えることができる。また、販売業者のほうも、従来仕入れていた問屋の商品だけでなく、より多くの商品を見ることができた。売る側も、買う側も、そして作る側にも刺激となった。

その後も従来の販売方法は継続したが、「見本市」という海外で展開されていた新しいイベントを春と秋、年二回開催するようになると、多くの関係者が上洛し、全国の商品と人が京都に集まり、販売されていく、まさに京都は新たな〈染織の都〉となった。

図30　日本染織物見本市（『染織日出新聞』昭和８年４月11日付）

染織祭創設の発端

この見本市の中核を担ったのは染呉服商（問屋）だった。昭和恐慌の底といわれる昭和六年（一九三一）四月、彼らが中心となって、さらに新たに「染織祭」を創設していく（以下、染織祭については北野裕子『忘れられた祭り　京都染織祭』による）。

現在、毎年開催されている「京都三大祭」とは、欽明天皇の時代（五四〇～七一年）に起源を持つ初夏（五月）の「葵祭（賀茂祭）」、平安時代の御霊会をルーツとする夏（七月）の「祇園祭」、明治二八年（一八九五）に平安京遷都一一〇〇年で創設された秋（一〇月）の「時代祭」をいう。

当時は、これに「染織祭」を加え、「京の四大祭」と称された。戦前は女人列がなく、各時代の装束を着装した男性のみが行列する「時代祭」に対し、「染織祭」は祭祀・式典ののち、上古（古墳）から江戸まで八つの時代の衣装を京都花街の芸妓や舞妓一四三人が着装してパレードしたことから「女時代祭」とも呼ばれた。その規模は時代祭に匹敵した。

染織祭創設の発端は、昭和五年八月末、丹後縮緬宣伝大会を開催していた折に、丹後縮緬同業組合長の津原武、京都の四大染呉服商の各支配人、すなわち矢守治太郎（丸紅商店京都支店）・圓城留二郎（安藤商店）・山川乙次郎（市田商店）・桑原猪之助（吉田忠商店）と、京都の新聞の経済記者らが懇談し、その時に染織京都の発展策が話題に上ったことだった。残念ながら、その時の記録は残っておらず、染織祭を創設した理由については、今のところ決定的な確証はない。

しかし、なぜ昭和恐慌下に多くの金と人が必要な祭りを創設したのだろうか。この祭りの発端が、国練検査を実施した丹後縮緬同業組合とそれを支援した四大商店ということから推測するに、まず、従来のちりめんの販売ルートを握っていた京都縮緬商との間にあった軋轢（あつれき）（二一一頁参照）を、祭りという形で修復していこうと考えたことが想起されよう。

京染呉服の盛況

実際、翌年に染織祭が開催された、当日の『京都日出新聞』（昭和六年四月一一日付）には、「京都における織物取扱高　実に五億円　そのうち三億円は京染呉服によって占められる盛況」という記事が掲載されている。実に京都織物取扱高の六割を、京染呉服が占めていたとある。現在の金額に換算（約三〇〇〇倍か）すると、全取扱高が一兆五〇〇〇億円、京染呉服は九〇〇〇億円程度になろうか。

アジア太平洋戦争後には最大の呉服ブームが起こるが（昭和三四年の皇太子明仁親王の婚約決定時に、相手の正田美智子が振袖姿だったことから始まったといわれる）、その時の呉服市場のピークは二兆円といわれたことから考えると、京染呉服だけで半額近い数値なので、まさに「盛況」といえよう。恐慌の底といわれる昭和六年でも、染呉服商たちは祭りを支える資金と力を持っていた。

ただ、記事には「京染呉服」の内訳は書かれていない。今日、京染呉服といえば、京都で友禅染を施した振袖や訪問着、黒染めの喪服や留袖などフォーマルに着用する高級な着物が想像されよう。昭和恐慌期には、先の四大商社をはじめ、多く染呉服商は西陣織や友禅染の高級呉服だけでなく、白生地の丹後ちりめんや安価で売れ行きが良かった銘仙も仕入れて販売し、売り上げを確保した。すでに書いたように明治からは型友禅（型染め）のきもの、さらに大正から昭和にかけては大衆向けの機械捺染による廉価版も登場している。どのようなきものを京染呉服といったのか、さらに検討していく必要があろう。

染織業は京都市の生命線

このような染呉服商の財力を活用したい京都市の思惑も大きく働いた。京都市は、先に述べたように、昭和三年（一九二八）の即位大礼で盛り上がったものの、翌年には浜口雄幸内閣下での緊縮政策や世界大恐慌の発生で景気が低迷し、昭和五年二月の京都市会では、市長は議員から産業も観光も両方に対応する施策を迫られていた（二一四頁参照）。

昭和五年八月末に、京都の染呉服商の四大商店が、発展策について口火を切り、実際には同年秋の日本染織物見本市の開催準備会で、京都市や商工会議所なども加わり、初めて「祭り」という形に広がっていく（山本花魂編『染織祭グラフ』）。

当時の京都市は、昭和五年の『国勢調査』によると、総人口七六万五一四二人、有業者総数三四万一二一五人で、その内訳は工業一三万二四三九人（三九％）、商業一一万九八八六人（三五％）で、実に約四分の三が商工業に従事する「商工都市」だった。

さらに「職業（小分類）別人口」では、「工業」で「紡織工業等ニ従事スル者」六万四二一〇人と「染色工・捺染工」二万二六九九人だけでも、合計で八万四四七九人となり、有業者総数の二四・八％を占めた。他に「商業」でも生糸（きいと）や呉服や小物、染料や糊、織機や道具類などの問屋や小売商も多数あり、少なく見積もっても、有業者人口の半数以上が染織に関する仕事に携わっていたのだろう。京都市にとって染織業はまさに生命線だった。

京都市の支援

時代祭にも匹敵する行列を持つ祭りで、まして、花街の芸妓や舞妓も登場するならば、十分に観光資源としての価値があっただろう。京都市会の昭和七年度予算説明では、観光都市の京都市として最もふさわしい一つの行事と考え、他のこういう祭行事の補助を例として、昭和六年は五〇〇円だったが、七年には五〇〇〇円を要求している。その翌年、衣装をすべて調整した八年には一万円、九年〜一五年まで五〇〇〇円を歳出臨時部の「勧業費」から補助金を支出した。ちなみに祇園祭と時代祭への補助は「神祇費」からだった。また、京都府からの補助金は毎年八〇〇円程度だったことから考えると、京都市がいかに勧業振興として力を入れたのかがわかる。

そして、女性時代衣装一四三人分を制作するとなれば、観光のみならず、苦境にあえぐ西陣産地をはじめ、染色業者たちにも仕事が入り、染織業の振興にもなり、観光も産業も両立するイベントといえよう。京都市では、染織祭開催日には市電を飾り付けた花電車を走らせ、市が発行する観光ガイド『京都名勝』での紹介、『京都市産業要覧』などの口絵での写真掲載と「四大祭」の表記、ポスターの製作と配布なども支援した。

このように染織祭は、安価な京染呉服、白生地の縮緬（ちりめん）、関東産地の銘仙など大衆向けの商品を取りそろえ、昭和恐慌下でも比較的景気の良かった染呉服商と、その財源を活用して産業と産業の振興を両立させたい京都市の思惑が一致し、創設されていく。

可視化される〈染織の都〉

本格化する祭りの構想

染織祭は、昭和五年（一九三〇）の夏の終わりに四大商社と丹後縮緬同業組合による振興策の提案を発端とし、秋の日本染織物見本市で京都市や商工会議所が加わり、「祭り」へ発展し、翌年二月から、どのような祭りにするのか、本格的な検討に入った。

まず、最初に祭りを主催する「染織講社」という組織づくりから始まる。明治二八年（一八九五）に創設された時代祭は、市中の町会や団体から成る「平安講社」が担っており、その形式に倣った。染織講社は、染呉服商を核とする日本染織物見本市協会をはじめ、西陣織物商組合・西陣織物同業組合・京染呉服悉皆同業組合・京都染物同業組合・京染呉服商組合・京都縮緬商組合・京都浜縮緬商組合・京都生絹同盟会・丹後縮緬同業組合・関東織物商組合（盛奨会）・京都半襟商組合・京都刺繍同業組合・京都木綿商組合の業界一三団体と京都小売商連盟の参加から始まり、のちに京都蚕糸商・京都糸物同業組合や福井織物同業組合・秩父織物同業組合など、他県からの参加も見られた。これらの業界団体が、資金でも実働でも祭りを支えたが、染織講社の名誉会長には京都府知事、会長には京都市長、副会長には京都商工会議所会頭が就任した。

そして、実際、どのような祭りにするのかを議論するなかで、時代祭に対抗して「大衆祭」をという案が浮上してくる。戦前の時代祭の行列は、延暦時代の文官参朝列、延暦時代の武官出陣列、藤原時代の文官参朝列、城南流鏑馬列、織田信長上洛列、徳川城使上洛行列と、六つの男性支配階級の装束で構成され、現在のような女性や平民の行列はなかった。それに対し、被支配階級の町人や百姓の風俗を見せ、その対比となる「大衆祭」をと考えたが、資料が少なく、すでに祭りの開催まで、二か月を割っており、時代風俗行列は次年度以降への持ち越しとなった。

また、当初、祭りの名称は「呉服祭」だったのが、「呉」は中国古代の国名であり、日本固有の神式で行うため、「染織祭」へと変更された。祭神は京都神職会に一任し、日本神話をはじめ、『日本書紀』『古語拾遺』などさまざまな史料から、染織にまつわる天棚機姫神・天羽槌雄神・天日鷲神・長白羽神・津咋見神・保食神・拷幡千々姫神・呉織女・漢織女が選定された。

第一回染織祭の開催

第一回染織祭が開催される直前、昭和六年四月一日、京都市が周辺の伏見・山科・嵯峨などを合併して「大京都市」となった。一週間かけて各町内では神輿を出し、市域にある各種の組合・企業・商店なども加わり、祝賀パレードが行なわれた。この時、染織祭に参加する西陣や縮緬、染物の組合でも、裃や羽織・袴などを製作し、それらを着装した男性たちがパレードに参加した。

それから一〇日後、第一回染織祭は桜咲く四月一一・一二日に開催された。岡崎公園グランドに仮設した社殿で、初日は平安神宮宮司が斎主、京都市長が祭主となり、染織講社の役員たちが参加する祭祀・式典を挙行した。二日目は午後から京都府知事・京都市長・京都商工会議所会頭をはじめとする役員たちが自動車に乗って先頭を行き、染織講社に参加した各組合の男性たちが大京都市誕生の祝賀パレードと同じ衣装で後に続いた。松竹・日活・帝国キネマの俳優や女優が乗車した自動車、花街の芸妓や舞妓が乗った屋台なども加わり、市中へ繰り出した。また、女性の時代風俗行列はなかったが、出発地点の京都府庁では、揃いの日傘を差した七三五人の芸妓や舞妓がずらりと並んで行列を見送り、話題と観客を呼んだ。さらに夜は岡崎グランドで祝賀踊も行なわれ、多くの市民が参加した。

第一回染織祭の開催初日、『京都日出新聞』一面には「都の実体を雄弁に物語る産業祭　染織講社会長・京都市長土岐嘉平」という記事が躍っている。市長は、これまで市民と最も関係が深かった染織に関する祭礼がなかったのは残念なことであったが、今回、時代祭に対抗して染織祭を創設して染織の神々の功徳に感謝し、その生業を讃え、ますます精進するために祭りを起こしたという。そして、時代祭と染織祭が二大祭典として対立し、前者は平安京をしのぶ「史的式典」、後者は生業を礼賛謳歌する「産業祭」と位置づけ、京都は古都だが、現在は産業都市として歴史と現在が両立していることを強調した（四月一一日付夕刊）。

女性時代風俗行列の考案

二年後の昭和八年の第三回染織祭から女性時代風俗行列が本格化する（図31）。上古（古墳）・奈良朝・平安朝・鎌倉・室町・桃山・江戸前期・江戸後期の各時代の衣装が表9のようにそれぞれのテーマを持ち、京都八花街の芸舞妓一四三人が花街ごとに八つの時代衣装を着て市中をパレードした。うち、平安朝のみ前年の第二回染織祭に登場した。

実は昭和六年二月の構想段階では時代祭に対抗し、「大衆祭」として平民の風俗を再現しようという

（奈良朝時代　歌垣）

（室町時代　諸職の婦女）

図31　染織祭時代行列絵葉書
（京都染織文化協会所蔵）

表9　時代風俗行列の衣装（時代・テーマ・人数・参考資料・着装花街）

時代	テーマ	人数	主に参考とした資料	着装花街
上古	織殿参進の織女	一六人	髪型＝埴輪	島原
奈良朝	歌垣	二〇人	薬師寺の女神像二体、正倉院御物	上七軒
平安朝	やすらい花踊	二三人	年中行事絵巻（別本巻三・安楽花）	先斗町
鎌倉	女房の物詣	二三人（女房一一・供女一二）	守袋＝四天王寺の什宝	宮川町
室町	諸職の婦女	一三人	七十一番職人歌合	北新地
桃山	醍醐の花見	一八人（上臈六・侍女一〇・童女二）	北政所打掛（高台寺蔵）、白練緯打掛（宇良神社蔵）	祇園甲部
江戸前期	小町踊（七夕踊）	一六人（踊子一〇・付添六）	還魂紙料の図	祇園乙部
江戸後期	京女の晴着	一五人（公家五・武方五・町家五）	野村正治郎・吉川観方の所蔵品	中書島

（出典）関保之助・猪熊浅麻呂・出雲路通次郎・猪飼嘯谷編修『歴代服装図録』一、歴代服装図録刊行会、一九三三年をもとに作成。

案だったが、翌年には女性時代衣装案が公表されている（『染織日出新聞』昭和七年四月一日付）。この変更について明確に書いた史料はないが、平民の衣服は織物ではなく染物で、西陣が得意とする高度な技術の登場が難しく、また、染織講社の中心だった染呉服商は、女性の染織品を主力としており、時代祭との対抗を考えると、女性を打ち出した祭りにした方がより鮮明な対比となるためだろう。

とはいえ、室町時代の「諸職の婦女」では市井で働く女性たちを表現しており、大衆祭への思いも残されている。「諸職の婦女」は庶民の衣服ながら、室町時代に流行したものの、今日では再現が難しい幻の技法といわれる「辻が花」（模様を絞り染めした輪郭に墨絵を施す、模様の隙間を墨で描く）も使われ、京都の技術の高さがうかがえる。

これらの衣装は、時代祭の委員を務めていた有職故実研究家の関保之助・猪熊浅麻呂・出雲路通次郎、風俗史研究家の江馬務（昭和七年まで）の祭事調査委員が、現存品・遺物・絵画・文献等をもとに監修した。彼らは歴史・装束・服飾などに精通した第一人者だった。とくに江馬は京都帝国大学文学部の第一期生で、従来の政治史中心の歴史に対し、各時代の生活風景を描く「風俗史」という新分野を開拓した。構想段階で江馬が提案した「風俗」という言葉が使われていることから、今後、彼の役割を再考する必要があろう。

ところで、衣装が完成した第三回染織祭の直後に、関・猪熊・出雲路と画家の猪飼嘯谷が編者となり、衣装の記録として『歴代服装図録　染織祭篇』を刊行している。新たに加わった猪飼は歴史画を得意とし、恩師の谷口香嶠の仕事を引き継ぎ「大正天皇御大礼絵巻」（宮内省の命令）を完成させ、さらに明治天皇の生涯を時系列に絵画で綴った明治神宮聖徳記念絵画館の「即位礼」（京都市の依頼）も描いている。この猪飼筆の二八点の染織祭画と一四三人分のすべての衣装・道具類は、公益社団法人京都染織文化協会が今日まで大切に保管している。

時代衣装の制作と費用

そして、有職に造詣が深い関・猪熊・出雲路は古代装束にはくわしかったが、室町時代以降の衣装の制作にあたっては、吉川観方（一八九四～一九七九）の所蔵品が一部に反映され、自らも弟子とともに衣装デザインの制作に加わった。

吉川は、京都絵画専門学校（現京都市立芸術大学）を卒業後、画家、そして、松竹合名会社の舞台意匠顧問として時代考証にも携わり、多数の服飾品を収集した。古美術商の野村正治郎も、参考資料を吉川に提供した。実際の制作には荒木伊助・髙田茂・松下季静の京都の三装束店が中心になって各業者へ発注した。時代衣装は、着物や帯などの見える部分だけなく、下着や足袋、履物、髪飾りなどの小物、道具類なども含め一式が制作された。なお、これらの修復と管理も三装束店が担当した。

時代衣装の制作費は、染織講社「収支予算決算綴」によると五万三九〇〇円、時代ごとに担当の組合・団体が決まっていた。講社が分担金一万三四五〇円、他にも二万二六〇〇円を寄付し、京都市も一万円を補助した。それでも足りない分は、各組合や工房で負担したと思われる。実際にどの工房が制作したのか、その詳細はいまだ不明だが、多くの工房や職人が新しい祭に協力することを誇りとし、採算を度外視して作り上げたのだろう。

オール京都での挑戦

ところで、染織祭はどれくらいの観客数を集めたのだろうか。『京都日出新聞』には、昭和七年の第一回では約三〇万人をはじめ、数十万人（昭和九～一一年）、市電の乗車客数は五〇万人（昭和一二年）などの数字が見える。ちなみに令和五年（二〇二三）の祇園祭は、コロナ禍の行動制限が緩和され、三連休も重なり、宵山から前祭の山鉾巡行までの四日間で近年では最も多い約八二万人が訪れた（『読売新聞』二〇二三年七月一八日付）。染織祭の時代風俗行列は一日のみ、一日としては祇園祭に匹敵する集客数である。

この集約力に京都の多くの業界が便乗した。第一回染織祭当日の京都駅の収入は前年同日より三〇〇〇円増加し、市電も花電車を走らせ、交通業・飲食業・宿泊業・遊興業などに経済効果が波及した。また、恩賜京都博物館（現京都国立博物館）でも、染織祭を含む二週間で「京都染織名品展」を開催し、現在では考えられない名品の数々を展示した。さらに、日本織物新聞社・中外染織新聞社・京都日出新聞社も行列に屋台を出し、紙面でも大きく取り上げた。とくに京都日出新聞社は第一回染織祭を一面トップ記事で取り上げ、昭和七年四月一日には『染織日出新聞』を創刊した。

時代衣装が制作された昭和初期は、全国的に多くの高等女学校が創立された時期で、服装の歴史も授業科目として必要になっていく、「服飾史」の黎明期だった。そんな時代に一流の研究者・現存品・職人の三拍子が揃い、上古から江戸までの時代衣装を制作し、服飾史を初めて見える形にした。一つの時代、一つの技だけなら制作できる産地はあっても、上古から江戸まで一五〇〇年超える時代の衣装を再現できるのは、都として長い歴史を重ねてきた京都の伝統の賜だった。染織祭は、まさに〈染織の都〉京都を象徴した祭りで、京都染織業界は近代における頂点を迎えた。

近代における〈染織の都〉の終焉

染織祭の時代

染織祭は昭和恐慌の底といわれる昭和六年（一九三一）四月に始まり、昭和八年からは女性時代風俗行列が加わり、回を重ねるごとに盛り上がり協賛団体も増えていったが、行列は昭和一二年の第七回が最後となった。この年の七月七日に日中戦争が始まると、翌一三年から行列は戦争のため自粛され、祭祀・式典のみが継続した。

染織祭が始まって五か月、九月に満州事変が起こり、軍部の独走で大陸へ進出していく。翌年には五・一五事件後に成立した斎藤実（さいとうまこと）内閣の高橋是清（たかはしこれきよ）大蔵大臣が、金解禁の停止とそれに伴う為替安による輸出促進、現在までつながる赤字国債発行による財政補塡、そしてその資金を軍需産業や公共事業へ投入する積極財政を推進した。通称「髙橋財政」と呼ばれるこれらの政策と、昭和七年に傀儡（かいらい）国家の満州国を成立させて輸出を振興したことで日本の景気が浮上、昭和恐慌から脱し、昭和一二年に日中戦争が始まると軍需景気が訪れる。

京都染織業界の動向

染織祭の時代風俗行列が華やかに行われていた時期の京都染織業界の動向を数値から探ってみよう。図32は、昭和元年からアジア太平洋戦争が始まる昭和一六年までの京都市における染物（京染）の数量と金額を示したものである。数量は昭和六年から浮上を始める。この年の四月一日から京都市が伏見・山科・嵯峨・嵐山など周辺地域を合併し、「大京都市」となったことも影響していよう。一方、金額の上昇は少しずれるが、数量と金額は日中戦争が始まる昭和一二年まで上昇を続ける。両者の上昇幅はやや乖離しているが、ほぼ日本経済の動向と合致している。

同じく昭和元年から一六年までの西陣織物の数量と金額を示したのが図33である。数量は昭和元年から五年まで少しずつ伸び続け、六年から八年まで下降、再び九年から増加に転じる。数量に比べて変動が大きいのが金額で、昭和元年から小波はあるが、昭和九年まで下降を続け、その後、なだらかにリバウンドし、昭和一三年から増加傾向となり、一五年・一六年と急増している。これは後述する七・七禁令によるものだろう。数量は微減しているのに、金額の上昇が顕著で、製品が高額化していたことがうかがえる。

そして、西陣織物全体の数量・金額（図33）を京染の数量・金額（図32）と比較すると、数量は京染が圧倒的に多いが、金額では西陣織物の方が上回っている年が多く、西陣織物の付加価値が高かったことがわかる。

七・七禁令と京都染織品

昭和一五年（一九四〇）七月七日、「奢侈品等製造販売制限規則」（通称「七・七禁令」、六日に公布）が国家総動員法（昭和一三年に施行）に基づいた省令として施行された。長引く戦争で国内の物資が不足するなか、軍需生産の拡大が求められた一方で、軍需

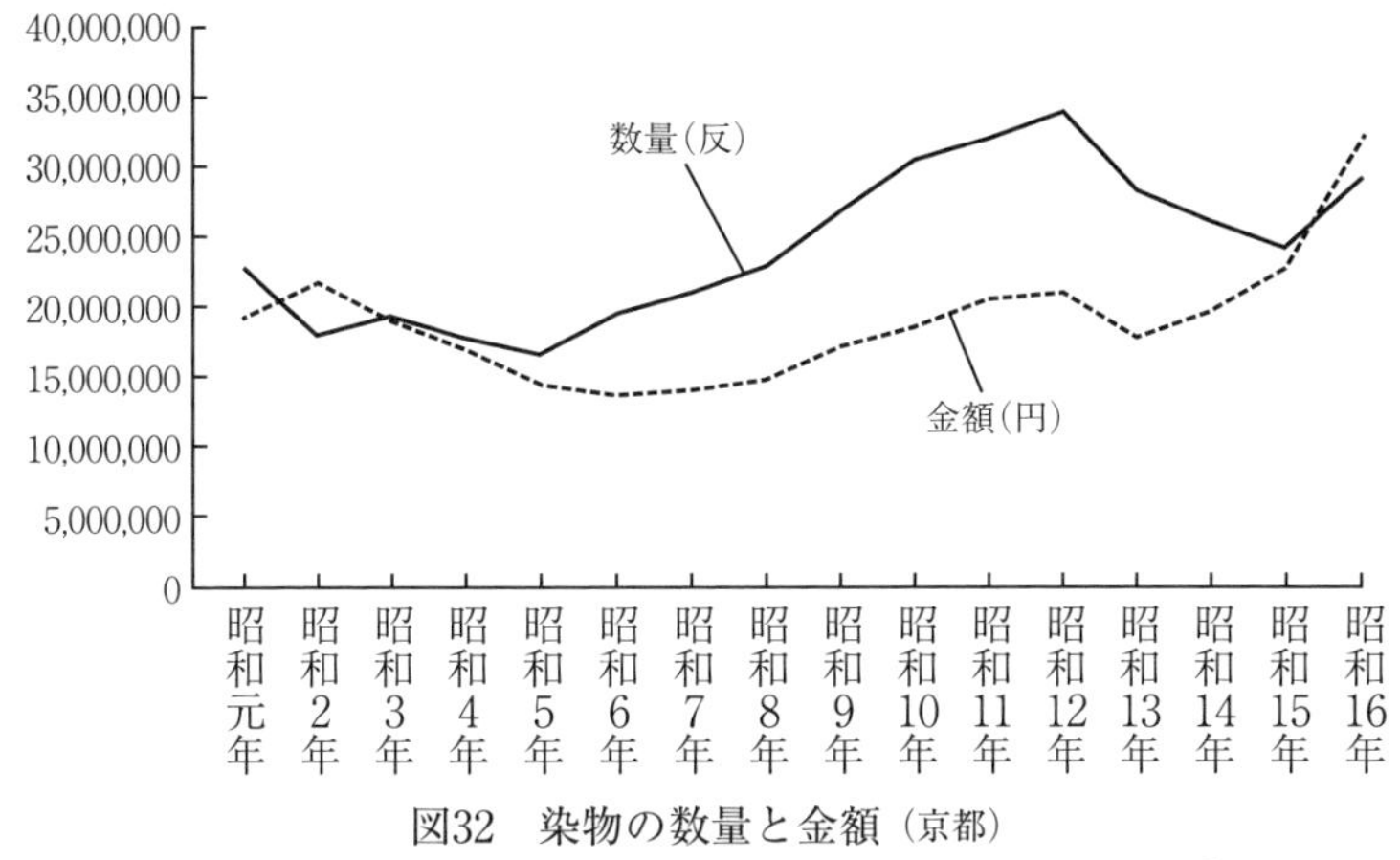

図32　染物の数量と金額（京都）

（出典）　京都商工会議所『昭和7年統計年報』1933年，京都商工会議所『昭和14年統計年報』1939年，京都商工会議所『昭和16年統計年報』1942年の「京都染色加工高」をもとに作成．

（注）　反物の数値で糸染は含まれていない．

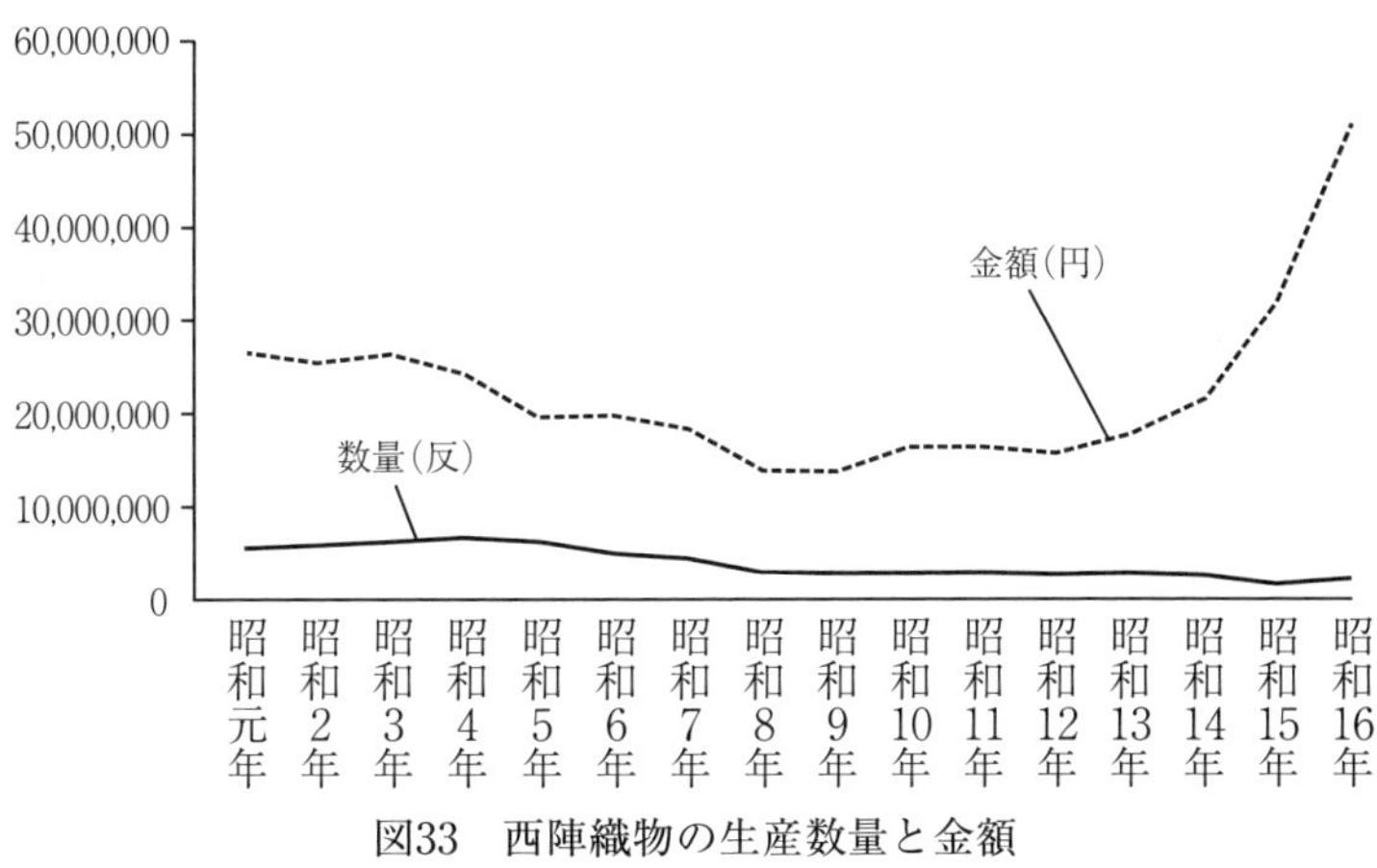

図33　西陣織物の生産数量と金額

（出典）　京都商工会議所『昭和６年統計年報』1932年，京都商工会議所『昭和16年統計年報』1942年の「西陣織物製産査定高累年表」をもとに作成．

景気に潤う成金たちも登場し、国民の精神を引き締めるため、直接戦争に貢献しない奢侈品（高級織物・貴金属・装飾品など）の製造や販売が禁じられた（日本経済研究会編『七・七禁止令の解説』）。しかし、七・七禁令にもかかわらず、京染のグラフは翌昭和一六年には、数量・金額ともにさらに上昇し、とくに金額が急増している。

七・七禁令では、まず、第一条で豪華な絵模様を描いた着物や綴帯（つづれおび）、金糸・銀糸・漆糸を織り込んだ反物や帯、ビロード縮緬などが指定された。当時、ちりめんの技術も進化し、高度な技術で金・銀・漆の糸を織り込んだ縫取ちりめんなども登場していた。次に、第二条で友禅染の反物や帯の上限価格が超えるもの（販売価格の上位二割）が禁じられた（同前）。

七月七日時点で製造中のものは一〇月七日を期限に出来上がるまで製造・販売が認められたものの、この禁令で、大打撃を受けることになるのは、近代以降、全国の産地が追い上げるなか、京都が〈染織の都〉として、高度な技術でその矜持を誇ってきた西陣織物・友禅染・丹後ちりめんなどだった。

これらを販売していた室町の問屋たちの在庫は、推計で約一億二〇〇〇万円弱に上った。室町の問屋たちは主務官庁の商工省へ解除の陳情運動を展開し、その一部の販売が認められた。その後も運動を続け、一年後には物資活用の見地から、超贅沢品を除き、大部分が解除された（京都商工会議所百年史編纂委員会編『京都経済の百年』）。しかし、戦争が長期化するなかで職人も不足がちになり、後述するように企業整備も始まる。そのため、今後、上質な呉服の入手がさらに困難になっていくことを懸念し、購入に走った人たちが多くいたのだろう。

このように、京染では昭和初期の恐慌を克服し、昭和一二年の日中戦争の開始まで数量を伸ばした。

その後、数量は下降するものの、金額は反転し、アジア太平洋戦争が始まった昭和一六年まで上昇した。昭和一六年には数量も反転する（図32）。

京染の内訳

この時期の京染の内訳をくわしく見ていこう。主な染物として、絹地に染色する友仙染（型友禅）・模様染（手描友禅）・小紋染・無地染（引染・諸色染・正紺染・茶染・紅染の合計）と、綿布に染色する機械染（綿布模様染）・綿布輸出染（無地染）の数量を追ったのが図34である。圧倒的に多いのが機械染だが、昭和一一年を頂点に急激に下降する。ただ同じ綿布染でも、綿布輸出染（無地）は昭和一一年から数量を大きく伸ばしていく。一方、絹布用の友仙染・模様染・小紋染・無地染もなだらかに回復している。

次に、同じく金額を追ったのが図35で、数量で圧倒的に多かった機械染は昭和初年から下降し、昭和五年から横ばいとなり、九・一〇年には上昇するが、再び下降する。綿布輸出染（無地染）は数量同様、昭和一一年から伸びている。年によって変動はあるものの、昭和七年に満州国が成立すると、京都の繊維製品は、それまでのインドや南洋から、関東州と満州国を中心に輸出されるようになっていく（松野文造編『明治以降京都貿易史』）。

一方の絹布用の友仙染や無地染の金額は昭和初期の恐慌を受けてか、わずかに減少するが、友仙染は昭和一五年から数量の伸びよりはるかに高い伸びを示しており、先の七・七禁令に触れるような高額な反物が売れたのだろう。

大正末には大阪のモスリン工場を中心に、手染め型友禅の職人たちが手捺染擁護運動を起こし、昭和になると京都へも波及した。手染めの職人たちが、機械捺染を脅威ととらえた（渡部徹編著『京都地方

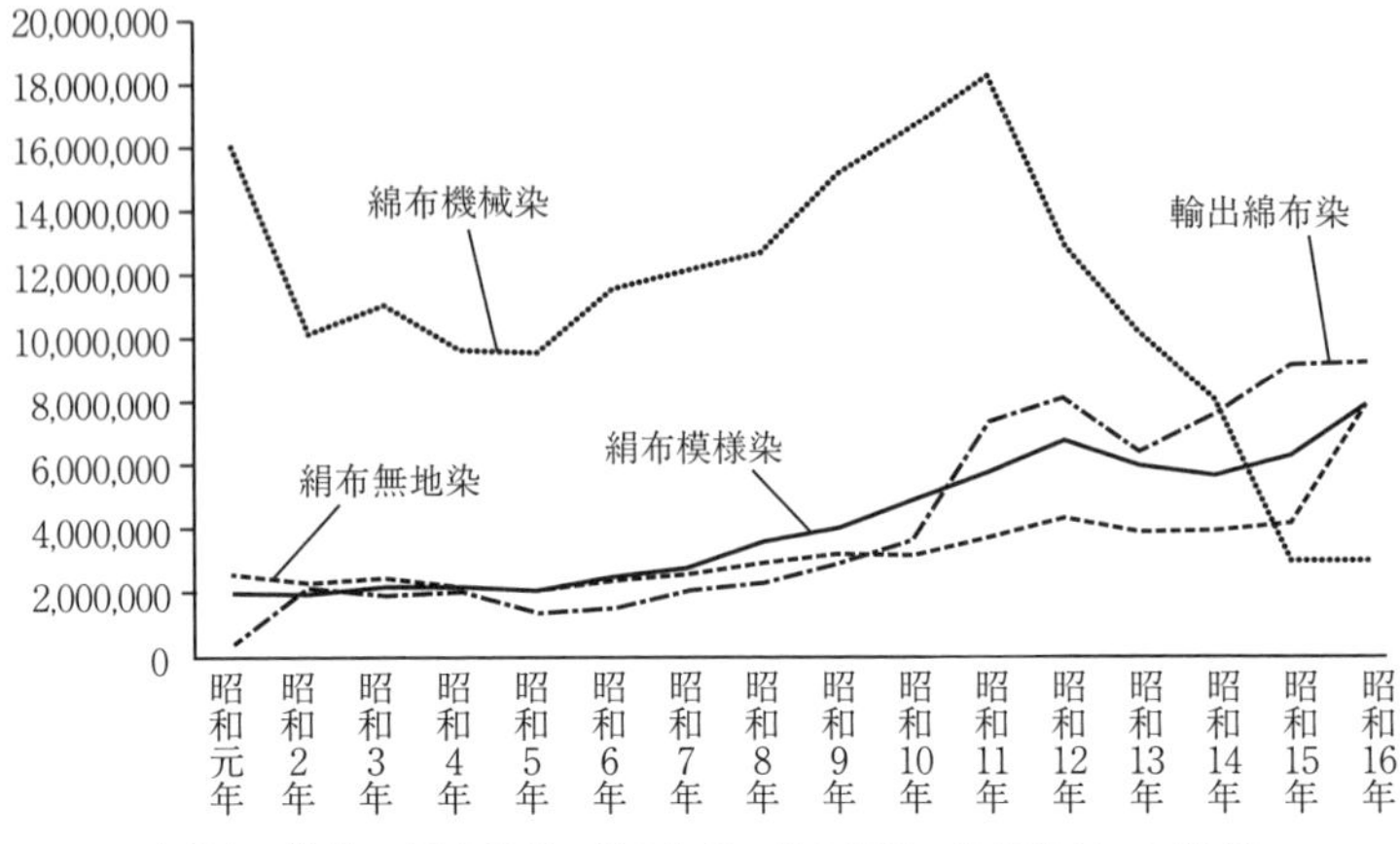

図34　染物（絹布模様・絹布無地・綿布機械・輸出綿布）の数量

（出典）　京都商工会議所『昭和７年統計年報』1933年，京都商工会議所『昭和14年統計年報』1939年，京都商工会議所『昭和16年統計年報』1942年の「京都染色加工高」をもとに作成.

（注）　絹布模様染（友仙・模様・小紋），絹布無地染（引・諸色・正紺・茶・紅），綿布模様染（中形・更紗・印シ・機械等），綿地無地染（藍・輸出綿布）.

労働運動史』）。大衆向けのモスリンきものは、大正後半から機械でプリントする段階に入ったのだろう。京都では、大正末からは手染め型友禅工場のなかから、絹地に友禅模様を機械捺染する工場の登場が確認できるが、短命に終わっている（明石厚明『日本機械捺染史』）。高級呉服用（絹布）は一点ものが求められ、量産化には不向きで、捺染機のローラーに刻印する手間と費用に見合わなかったのだろう。

昭和一二年の「商工省工場調査表」によると、京都では機械捺染の工場が五六（従業員数三一二四人）、その他の捺染の工場が五七九（従業員数六三〇六人）になっている（京都商工会議所『京友禅に関する調査』）。機械捺染の工場数はその他の捺染工場の一〇分の一以下だが、従業員数では二分の一に近く、大規模な量産型の工場だったことがうかがえる。図34でも見たように、昭和になると京都でも機

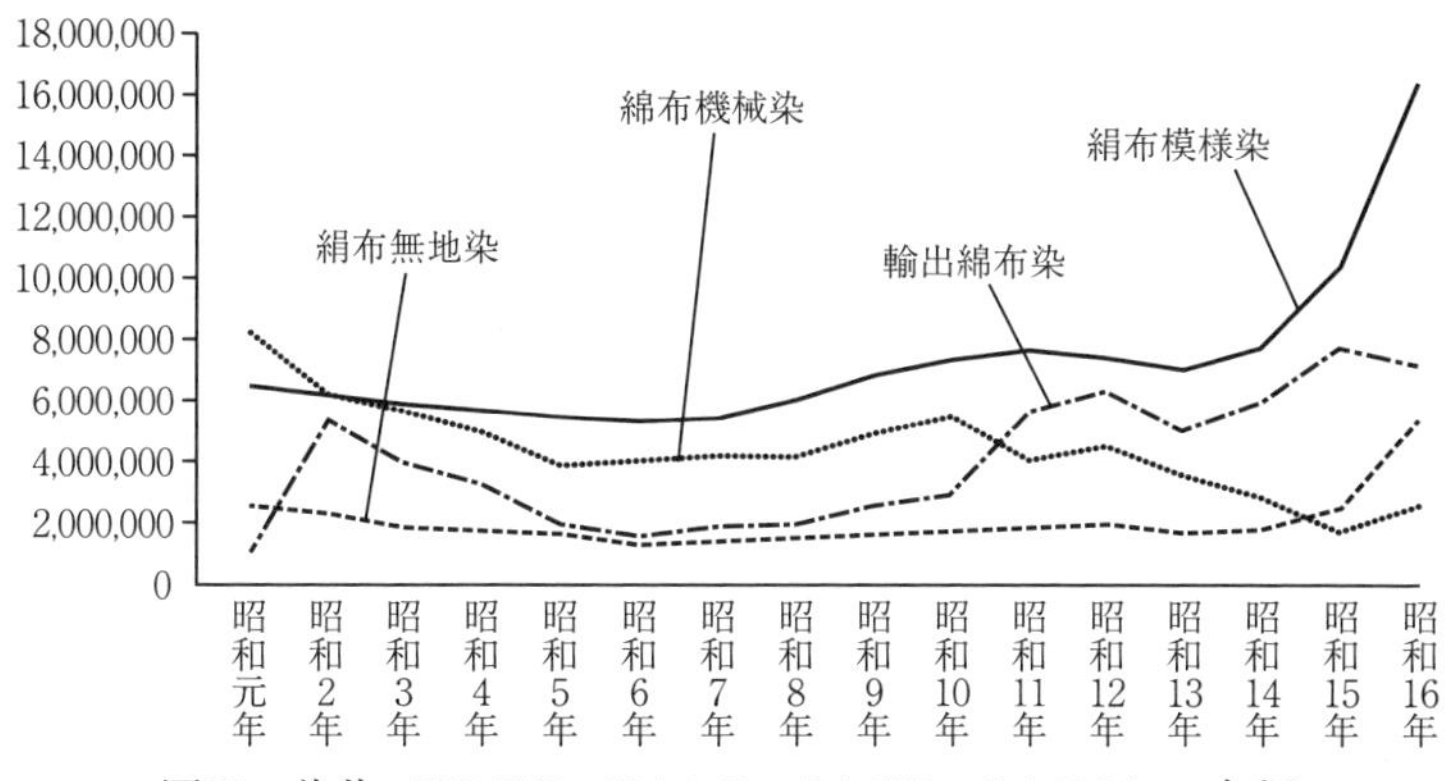

図35　染物（絹布模様・絹布無地・綿布機械・綿布輸出）の金額

（出典）　京都商工会議所『昭和７年統計年報』1933年，京都商工会議所『昭和14年統計年報』1939年，京都商工会議所『昭和16年統計年報』1942年の「京都染色加工高」をもとに作成.

（注）　反物の数値で糸染は含まれていない.
絹布模様染（友仙・模様・小紋），絹布無地染（引・諸色・正紺・茶・紅），綿布模様染（中形・更紗・印シ・機械等），綿地無地染（藍・輸出綿布）.

械捺染が京染全体に占める割合は大きくなるが、やはり、高級な呉服用絹地への染色では手仕事が強かったと思われる。

京都染織業界の企業整備

そして、昭和一五年の七・七禁令の施行よりも、さらに京都染織業界を打撃したのが企業整備だった。商工省は同年一〇月には織物製造業者の合同に関する要綱を通牒し、手織機一〇〇台以上を単位に工業小組合あるいは有限会社を設立して原糸の割り当てを受けるよう指示した。ほとんどが、二、三台の織機を置いて家内工業で製造していた西陣産地ではその設立は至難なため、翌年五月には絹・人絹は織機三〇台以上、毛織は五〇台以上での合同に改められた（第一次企業整備）。

しかし、昭和一七年九月の第二次企業整備では、登録済み織機二〇〇台以上の統合体への編成替となり、その後も企業整備は重ねら

表10　工芸技術保存資格者（染織製品、京都府）

品種	氏名
綴織帯地、袱紗地、外	西陣織物工業組合 綴織部代表大橋理祐
手描友禅、外	西村總左衛門
技術保存用白生地縫取縮緬	西原弥一郎
同	松田寿之
上代紬、縮緬、外	矢代仁兵衛
振袖、詰袖、外	野口安左衛門
友禅型染	内藤良耕
同	岡島重助
同	長澤英太郎
襠、黒振袖、外	今尾和雄
振袖、留袖、外	池垣文治郎
着尺、絵羽、外	奥村忠二郎
振袖、留袖、外	渥美敏蔵
同	奥村益三
同	田畑喜八
手描小紋	谷口豊
振袖、絵羽、外	中川福之助
手描友禅	梅原長兵衛
振袖、留袖、外	上野為二
綴織帯地裂地、外	川島織物研究所 川島甚兵衛
美術織物その他帯地	龍村織物美術研究所 龍村謙
唐織、ビロード、外	京都山科工場 （鐘紡）鈴木幸夫
シフォンベルベット	京都織物宍戸二郎
御召絵絣、外	長野商店森善吉
唐織、外	高尾菊次郎
紗綴、絽唐織水衣綴、劇場緞張	鳥居喜一郎
化粧廻し、名物裂、卓子掛	
唐織、能装束	今西兼吉
唐織、緞張、外	汐瀬吉蔵
諸官庁用御料品赤錦袋帯、	喜多川平郎
唐織帛紗、絲錦、唐織	
同	山中治郎
同	澤田宗次郎
同	杉本三郎
同	前田善次郎
額地、支那事変下賜品（大内山）裂織中	渡邉清三郎

同	松尾友蔵	膨起模様織布特許変り織、外	
手描友禅	藤本弥三郎	古代紋織物	藤原徳三郎
同	澤渡源兵衛	額地、下賜品製織中、唐織	宅間佐助
屏風、衝立、外	川勝堅一	能衣装、唐織	太田大蔵
刺繍、屏風、外	田中利七	御料品名御幣帛、大和錦地唐織地	川那邊五兵衛
刺繍、打掛、外	吉田萬次郎	錦広巾、唐織、外	長谷川杢治郎
絞り振袖、外	岡松茂三郎	華紋唐織、雲上織、唐織	吉田利三郎
同	岡尾磯次郎	同	安田治三郎
同	湯浅芳蔵	同	高木吉之助

（出典）商工省工芸指導所編『工芸指導』一二―八（工芸調査協会、一九四三年一〇月）の「工芸技術保存資格者決定」をもとに作成。

れ、昭和一九年四月の第五次をもって完了した。企業整備によって、手織機は一万六六五七四台から六六四一台へ、力織機（りきしょっき）は五五三二台から二〇四七台へと減少した。約六〇％の織機が強制供出され、廃業者は他職に転じた。一部だが、海軍工廠・湯浅電池・日新電機などと連携し、軍需工場へ転じた業者もいた（小谷浩之「戦時経済統制下における「室町と西陣」」）。

次に、染色加工業でも昭和一六年一〇月、第一次整備により、従来あった一九の工業組合を京都友禅染色・京都織物機械染色・京都織物手工浸染精練・京都繊維雑品染色の四工業組合に統合した。翌一七年五月には、四組合のなかを工業小組合、有限会社、株式会社などへ統合し、この時点で日中戦争の開始後の転廃業者は事業主・従業員を合わせて三七三二人、残存者は四八八五人となった。さらに昭和一九年には四組合のうち、京都織維雑品染色工業組合を除く三組合が合同し、京都府織物染色統制組合に整備された。

室町問屋でも昭和一六年一〇月から第一次企業整備が始まる。この時点で卸売業者は大小零細を合わせ約二五〇〇店だったが、翌年一月には二七五店にまで減少した。さらに一八年一〇月の第二次企業整備で、千總・市田・吉忠・大建京都支店（丸紅が参画）・矢代仁・小泉・伊吹・美濃利・市原・外与など一九店となり、特殊織物と履物の統合体が加わり、日本織物統制会社の業務代行人として存続した（前掲『京都経済の百年』）。

戦争を超えてつながる技と祭り

このように京都染織業界も度重なる企業整備で大打撃を受けたが、何とか技術を残したい京都染織業界をはじめ、美術や工芸の業界からも働きかけ、昭和一八年五月一八日、商工省は戦時下で絵具や資材の配給を行う日本美術及工芸統制協会を設立した。九月二九日、同会が選定した「工芸技術保存資格者」が商工省の承認を経て発表された。全国から申請された二〇五六件から、資格を獲得したのは五七二件（金属製品七九、木竹製品一三三、窯業製品七六、漆製品一二一、染織製品一六三）だった。染織製品一六三件のうち、京都府が五一件で三一・三％を占めた。

京都の染織製品で技術を保存するため、戦時下でも原料の配給を受け、制作を続けたのが二五〇・二五一頁の表10に見られる企業・団体・人々だった。京都は大規模な空襲に見舞われることなく、戦時下でも「千年を越える都」として継承された伝統の手仕事の技は繋がれていく。この種を残したからこそ、戦後、高度経済成長期には呉服ブームという大きな花を咲かせることができたのだろう。

染織祭は、日中戦争が始まると翌一三年から行列は中止されたが、祭祀と式典は、アジア太平洋戦争を経て昭和二六年に染織講社が解散するまで継続した。一方、人気を博した時代風俗行列は、戦争で同じく行列を中止していた時代祭が、戦後の昭和二五年に行列を再開した時、染織祭のやすらい花踊（平安）・女房の物詣（鎌倉）・醍醐の花見（桃山）の三列が加わった。しかし、昭和二八年に時代祭にふさわしい女性列を新設すると消え、京都市民の記憶からも忘れられていった。戦前、時代祭も葵祭（賀茂祭）も女性の列はなかったが、戦後、女性列が加わるようになったのは、敗戦後のＧＨＱによる日本の民主化政策で、男女同権が謳われたこともあろうが、女性列が中心で華やかだった染織祭の影響も大きかったと筆者は考えている。

伝統と革新に挑戦しつづける――エピローグ

〈染織の都〉京都の前近代

〈染織の都〉京都は、平安時代に天皇を中心とした律令制のもとで誕生した。延暦一三年（七九四）に都となった平安京には織部司が置かれ、高度な染織技術は国家が独占した。しかし、藤原氏を頂点とする貴族が権勢を振るうようになると、貴族の求めにも応じるようになる。平安末期には、織部司の織手たちは朝廷から十分な俸禄を得られなり、彼らが集まっていた織部町から隣接する大舎人町へ移って自立し、民業化していく。

武士が台頭し、文治元年（一一八五）に源頼朝が平家を滅ぼし、その後、鎌倉に幕府を開いて政治を行なうようになっても、有力な貴族や寺社が市や座などに利権を持っていた京は商工都市として成長を続ける。南北朝時代（一三三七〜九二年）に成立したとされる『庭訓往来』には「大舎人綾」「大宮絹」などが名品として登場している。そして、永和四年（一三七八）、室町幕府の第三代将軍足利義満が京に邸宅「花の御所」を建てて拠点を置くと、武家の注文が増えていく。

その後、応仁・文明の乱（一四六七〜七七年）が起こると、京のまちから戦災を逃れて、当時、貿易都市だった堺へ移った職人たちは、同じく明（中国）から混乱を逃れて渡来した職人たちに新たな技法を学び、戦乱後に京へ戻って、西軍の山名宗全が陣を置いた周辺に拠点を置いた。そして、その地名を由来とする西陣産地を形成していく。

永正（一五〇四～二一）の頃には、大舎人座を形成し、天文一六年（一五四七）には大舎人座は足利将軍家の織物所となり、座に属した三一家のうち六家が元亀二年（一五七一）には朝廷内蔵寮織手に任命され、宮中の装束を織る「御寮織物司」と名乗った。その二年後に室町幕府は滅ぶ。一世紀を越える戦国時代においても、西陣産地は大名たちの衣服や戦場の陣羽織などを生産し、天下人豊臣秀吉・徳川家康らの注文に応えた。

慶長八年（一六〇三）、徳川家康によって江戸幕府が開かれ、戦乱のない安定した時代が訪れると、大名たちは京に屋敷とともに呉服所を置いた。また、江戸城に大奥が開かれると、御殿女中たちの衣装の多くが西陣で生産された。また、太平の世で成長してきた有力町人も、高価な衣服を妻子に誂え、西陣産地の新らたな顧客となった。しかし、幕府は彼らの豪華な生活を看過できず、禁令を出したことから、新しいきもの（小袖）の技法、友禅染が登場する。禁じられた豪華な刺繍や総鹿の子絞りなどに変わって、生地に糊で防染し、絵画のような図柄を描いた。この友禅染に最も適した生地としてちりめんの需要も増え、それまで輸入品に頼ってきたが、西陣で製織した。開幕から一〇〇年、江戸時代中期、一七世紀後半から一八世紀初頭には〈染織の都〉京都は一つ目の頂点を迎えた。

ところが、西陣産地は享保一五年（一七三〇）の西陣焼け（火事）ののち、地方産地からの追い上げを受けることになる。京都府北部の丹後地域では、火事の一〇年前頃から西陣からの技法に倣い、ちりめんの生産が始まっていた。また、その後も江戸が都市として成長を続けるなか、関東周辺の桐生・伊勢崎・秩父・足利などの織物産地が育っていく。

そして、相次ぐ政治改革と奢侈禁令で、高度な絹織物を手がける西陣は苦境に陥った。とくに天保一二年（一八四二）に始まった天保改革では、徹底して華美巧妙な織物が禁じられ、株仲間の解散が追い打ちをかけた。

開国・明治維新期の苦境

さらに、安政五年（一八五八）にアメリカ・イギリス・フランス・オランダ・ロシアとそれぞれに結ばれた修好通商条約（安政の五か国条約）により貿易が開始されると、生糸が最大の輸出品となり、国内では不足し、価格が高騰した。また、〈染織の都〉京都は、幕末の政争で「政治都市」と化し、戦闘で西陣は免れたが、中心部が広範に焼失した。

慶応三年（一八六七）一二月九日、「王政復古の大号令」が発せられ、新政府が成立し、この明治維新によって天皇が東京へ移ると、「千年の都」は一地方都市となり、これまで、代々の権力者が重用した西陣織、富裕な町人たちが求めた友禅染はその基盤を失う。さらに開国とともに輸出に取り組んだ関東・北陸の産地が、西洋から力織機・化学染料・デザインなどを導入していち早く近代化を進めたが、それに対し、当時、日本最大の「工業都市」だった京都は、その伝統があったがゆえに近代化の遅れをとり、最大の危機を迎える。

〈染織の都〉の再生への挑戦

そのため、のちに第二代京都府知事となる槇村正直が中心となって産業振興を図り、明治三年（一八七〇）に舎密局、翌年に勧業場を開設し、とくに染織については明治七年に勧業場内に織工場（のちの織殿）、翌年に舎密局内に染殿を設置した。そして、海外へ近藤徳太郎や稲畑勝太郎ら留学生を派遣して〈染織の都〉の再生を目指す。

　民間では幕末から維新の混乱のなかで京都にやって来て、新しい染織品へ挑戦する人たちが登場し、革新を起こす。長い歴史を持つ染織技術を手わざでさらに高度化して国内外の博覧会に挑戦し、「世界一の美」を目指した川島甚兵衛や飯田新七、友禅染を革新して着物の購買層を広げた西村總左衛門らがいた。一方、西陣内部からも御寮織物司出身で皇后の洋服地に挑戦した小林綾造（こばやしあやぞう）、伊達弥助（だてやすけ）は維新の危機に指導力を発揮し、伝統の技を継いでいく。

機械・デザイン・化学染料の国産化への挑戦

京都の織物生産においては、明治二一年（一八八八）に再建された明治宮殿室内織物への挑戦が一つの転機となった。まず京都の有力財界人が結集し、織殿の払い下げを受けて近代的大規模工場の京都織物株式会社が創業した。また、川島織物や高島屋は美術織物の制作を命じられ、西陣産地の職人たちも参加し、新旧の人々が共に技術やデザインを向上させていく。

　日清戦争（明治二七、二八年）の勝利後、明治三〇年代には、京都でもモスリンやネルへの機械捺染（なっせん）で堀川新三郎や京都綿ネル株式会社が成功を収めた。輸入に頼ってきた織機やジャカード機の国産化も始まる。京都染織業界に残ったのはデザイン（意匠）の問題だった。それを克服するため、京都高等工芸学校（現京都工芸繊維大学、図案・色染・機織の三科）が創設される。初代校長中澤岩太、浅井忠（あさいちゅう）（洋画家）らの教授陣が業界人や京都画壇とともに活躍した。

　大正三年（一九一四）にヨーロッパを主戦場に始まった第一次世界大戦は、日露戦争（明治三七、三八年）から長く脱することができない不況の時代から、一気に大戦景気をもたらし、友禅染をはじめとする京染が急成長した。日露戦争後も継続する織物消費税の撤廃と戦う西陣では、西陣織物同業組合の組長池田有蔵が三大事業（染織試験場の設置、京都市染織学校の拡大整備、西陣織物館の建設）や織物取引などに取り組む。それまで欧米の輸入品に頼ってきた分野、とくに大半がドイツから輸入されていた化学染料の国産化も始まる。国産織機が丹後産地にも導入され、京染を支えるちりめん地の量産化も進んでいく。この時期は、染・織・生地・デザインなど各分野で革新が進む。

絹地の大衆化で恐慌を乗り越える

しかし、大正七年に第一次世界大戦が終わり、ヨーロッパの国々が復興してくると、日本は大正九年には戦後恐慌に陥った。膨れ上がった経済の調整期に入り、低迷するなかで、関東大震災が直撃し、首都東京は壊滅する。復興のため、関西から多くの物資が運ばれた。その後、昭和四年（一九二九）には、大戦景気が長く続いていたアメリカでの株の大暴落から世界大恐慌が起こり、それが日本にも波及し、昭和五、六年の昭和恐慌となった。

このような日本経済を背景に、第一次世界大戦景気の頃から、国力が向上するなかで成長する大衆の需要をとらえたのは、丸紅（伊藤忠兵衛が祖）を筆頭に京都周辺の地域、とくに近江（現滋賀県）から入ってきた染呉服商たちだった。大正一五年秋からは、これまで呉服を地方へ売りに出かけていた形態に加え、逆に地方商人を京都の地へ呼びよせて、京呉服を一斉に見せる京都染織見本市を開催した。また、丹後産地に協力し、それまで、京都縮緬問屋を経由して販売されていた丹後ちりめんを百貨店で直接販売した。それらは販売の革新といえよう。

そして昭和恐慌期には、世界恐慌で暴落した生糸を活用し、高級品のちりめん地を大衆化し、安価な紡績絹糸を原料とする関東産地の銘仙（めいせん）を販売して乗り越えた。それまで、一部の富裕層にしか手にできなかった絹地が大衆化され、すそ野が広がっていった。

京都四大祭「染織祭」の誕生

そして、染呉服商たちは、京都市を巻き込み、昭和恐慌期のただなか、昭和六年四月に、新たな祭り、「染織祭」を創設する。祭祀・式典に加え、古墳時代から江戸時代まで一五〇〇年にわたる時代衣装を京都花街の舞妓・芸妓が着装して市中を巡る女性風俗行列があった。史上初、女性の服装の歴史を可視化した時代絵巻は祭りの革新だった。都としての伝統を持つからこそ、時代衣装を再現できる有識者がおり、染織技術を積み重ねた工房が多数あり、それらを繋ぐ人材も豊富で、京都でしかできない祭りで、ここに〈染織の都〉として、京都は二つ目の頂点を迎えた。不況下で産業振興と観光振興の両立を求められた京都市が協力し、小売・飲食・宿泊・交通など各業界も盛り上げ、当時は京都四大祭と謳われ、多数の観客を集めた。

その後、昭和一二年に日中戦争が始まると、翌年から華やかな女性の時代風俗行列は中止された。昭和一六年にはアジア太平洋戦争が始まり、奢侈の禁止、経済統制が進行するなかで、五次にわたる企業整備が行われ、染織業界の統合が進み、大打撃を受ける。そのなかで一部「工芸技術保存資格者」として認定を受けた人物・企業・団体が原料の配給を受けて制作を続け、伝統の技術を継承し、昭和二〇年の敗戦を迎えた。

呉服ブームの到来と地方産地

その種(たね)が戦後復興の時代を経て、高度経済成長期(一九五五〜七三年)に大きく成長する。戦争で若い時代に晴着を着られず、空襲や食料との引き換えで、多くの着物を失った世代の母親たちが娘の成人式には振袖を、結婚に際しては訪問着・色無地・黒羽織・留袖(とめそで)・喪服など式服一式を持参させる呉服(絹の着物)ブームが到来した。

それは、アジア太平洋戦争以前に呉服が大衆化した地盤があり、着物が身近になっていたからこそ、ブームになりえた。日常では洋服が主流になるなかでも、冠婚葬祭の式服やＰＴＡの制服としての需要を打ち出した京都の呉服市場は、一九六〇年代の高度成長期から八〇年代のバブル経済期にピークを迎え、三つめの頂点で大輪の花を咲かせた。それを支えたのは伝統の技と革新の技術だった。

それに対し、近代工場で輸出・量産・安価型の日常の着物地を製織した地方産地の多くでは、戦後の洋装化の進行に加え、高度経済成長期には都市部に建設された家電や自動車の工場に若者が就職し、産地から出て行った。さらに一九五五年（昭和三〇）からは最大の輸出先だったアメリカから安価な日本の綿製品の輸入規制に始まり、一九七〇年（昭和四五）には毛・化学・合成繊維の分野でも輸出の自主規制が求められ、綿から化学・合成繊維へ転換した産地は大打撃を受けた。その後、一九八〇年代から繊維産業は海外へ生産拠点の移転が続き、今では国内には特殊技術を持つ北陸産地など一部の産地しか残っていない。

革新への挑戦こそが伝統に

とはいえ、京都の呉服市場も一九九一年（平成三）のバブル経済崩壊後には確実に低迷期に入り、現在では西陣織物（帯）の生産量はピーク時の四％、友禅染や丹後ちりめんは三％以下にまで落ち込んでいる。生活の洋風化が進むなかで着付けや保管の難しさ、販売方法の問題などから呉服が売れなくなっている。

そして二一世紀に入り、京都の染織業者たちは明治時代にさまざまチャレンジしたように、再び洋装をはじめ建物の内装材やインテリアなど、身のまわりで多様に使える素材生地として、新たな需要の開拓を模索している。五〇〇年を越える技術を持つ西陣織、三〇〇年以上の蓄積を持つ友禅染や丹後ちりめめんは、次世代へその技を継承するため、海外も視野に新たな分野への挑戦が続く。
京都の染織技術は長らく支配者層や富裕層など一部の人たちのもので、一般の人の衣服や着物に使われた歴史は意外と浅い。明治後半には中間層向けに百貨店での既製品販売も始まるが、大衆へ広がるのは大正後半から昭和初期にかけてのことで、本格化するのは戦後の高度成長期のことである。

さて、京都には一〇〇〇年を越える老舗（しにせ）が多く、一般に閉鎖的なイメージがあるだろう。しかし、本書で見てきたように、都でなくなり、危機を迎えた近代京都の染織業を活性化したのは、まず幕末から明治以降に入ってきた人たちや新技術を命がけで学んだ留学生たちなど、外からの人材や情報だった。その後も技術・美術・デザイン・流通・販売など各分野で新しい人材を受け入れながら、京都は進化してきた。そして、新たな発想で京都の染織品を販売したのは近江商人をルーツとする人たちであり、京染を支えた白生地は丹後産地が供給地となった。近隣の人材や技術を取り込み、京都は近代の危機を乗り越えてきた。

思えば、京都の原点となった平安京そのものが大陸から海を渡ってきた人々の技術によるものだった。一〇〇〇年を越える都の歴史を持つこのまちでは、今なお、新旧の人々がせめぎ合い、あるいは、協力しながら挑戦を続け、伝統から革新を生み出している。そして、その革新が積み重なり、伝統を形成していく。京都は、今も〈染織の都〉なのである。

あとがき

本書を何かに例えるとしたら、京都名産の「ゆば」だろうか。ゆばは、釜で豆乳を煮たてて、表面にできる膜をすくい上げて作る。釜が「京都」という「場」、豆乳は京都の長い歴史と文化、そこから、染織・服飾・経済をいびつにブレンドしながら、歴史として、先陣を切って挑戦した京都染織業界の人びとの動きをすくい上げたつもりである。

釜のなかは煮詰まってくると、また、新しい豆乳が注ぎ込まれる。なかに残った豆乳は「伝統」、新しい豆乳と交わってできるゆばが「革新」、この革新は伝統の要素をたっぷりと含んでいる。長い歴史のなかで、たくさんの革新が起こり、多くの人びとに受け入れられ、時を経て京都の名産＝伝統となる。「革新」が積み重なって「伝統」になっていく、本書の副題を「革新と伝統」にした所以(ゆえん)である。

さて、私が染織業の歴史と関わるようになるのは、二一世紀に入った頃、京都府北部の『加悦町史』の仕事を通じて、三〇〇年の歴史を持つ「丹後ちりめん」に触れたことに始まる。地域の人びとが新たな織物に挑戦する姿、機屋（織元）が学校の役割を果たし、戦前から長期に働く女性の多さや収入の良さ、さらに昭和恐慌期に生産が拡大するという実像が浮かび、これまで、自分が持っていた歴史観が次々に覆った。

二〇一〇年、大阪歴史学会大会で「昭和恐慌像再考―絹織物・丹後縮緬の需要拡大を中心に」を報告すると、「それは丹後の特例では?」という声をいただいた。すでに昭和恐慌の実態については東北・関西・信州など主要産業による地域差が指摘されていたが、今では、恐慌の要因として、東北の農村ですら、冷害や虫害などが指摘され、見直しが進んでいる。

丹後ちりめん以外での事例を探し、その売り先の京都室町問屋(呉服問屋)を調べた。そして、昭和恐慌の底といわれる一九三一年に絢爛豪華な時代衣装をまとった花街の芸妓や舞妓が京都市中を練り歩く「染織祭」の存在を知る。なぜ、恐慌下に多くの金や人が必要な祭りが創設できたのか。衣装や史料を保管している京都染織文化協会を直撃し、二〇一一年から先行する研究がほとんどなかった染織祭の歴史をいっしょに調べていくことになる。すると、京都市も染織祭の創設と開催に相当の力を入れ、現在の京都三大祭にも匹敵するような大規模な祭りだった当時の姿が見えてきた。

ただ、京都という都市の近代については不勉強で、歴史・経済・民俗・染織・服飾・ジェンダーなどが絡む祭りをどうまとめたらいいのか、苦戦していた折、京都大学人文科学研究所の高木博志氏が主宰する「近代京都と文化」班にお声かけいただいた。毎月、第一線の研究者から近代の京都文化について学んだ。この研究会を通じて、「京都とは?」「伝統とは?」を考える機会を得た。高木氏がお尻を叩いて下さり、『人文学報』に染織祭の論文をまとめ、それがベースとなって、二〇二一年、『忘れられた祭り　京都染織祭』を出版した。

このように京都染織業の歴史を研究してきたが、本書への直接の契機は、五〇歳で早逝された大学時代の恩師と、同窓で『加悦町史』でもごいっしょした藪田貫氏が吉川弘文館につないで下さったことだった。二〇二一年三月、編集部の斎藤信子氏から「『染織の都　京都の挑戦』というタイトルで、人物をできるだけ登場させて一般にもわかりやすい京都の染織の歴史が書けませんか」という難題を頂戴した。前近代をもっと膨らませてほしい、織物や染物の解説をわかりやすくという要望にも苦しんだが、そんな私を常に叱咤激励して下さった。そして、仕上げの段階では伊藤俊之氏に図版や装幀、校正などで大変お世話になった。お二人のお力添えなしには本書は刊行できなかった。

なお、株式会社川島織物セルコン織物文化博物館、株式会社千總、株式会社髙島屋髙島屋史料館、西陣織工業組合、公益社団法人京都染織文化協会には、写真・資料などでご協力を賜った（敬称略）。

右に挙げた方はもとより、ここに至るまで、多くの方々にお力添えをいただきましたこと、心よりお礼申し上げます。

二〇二四年一一月

北　野　裕　子

参考文献

未刊行史料

「織物集説」国立国会図書館所蔵
「染物の沿革」西田復次郎著、一九二九年、京染会所蔵
「西陣織物詳説」上下、国立国会図書館所蔵

刊行史資料

石川松太郎校注『庭訓往来』(『東洋文庫』二四二)、平凡社、一九七三年
上塚司編『高橋是清自伝』上下(『中公文庫』)中央公論新社、一九七六年
オットマール・フォン・モール著・金森誠也訳『ドイツ貴族の明治宮廷記』(『講談社学術文庫』二〇八八)、講談社、二〇一一年
関西経済連合会編刊『経済人』八―一一、一九五四年
喜多川守貞著・宇佐美英機校訂『近世風俗志(守貞謾稿)』三(『岩波文庫』)、岩波書店、一九九九年
黒板勝美・国史大系編修会編『延喜式』(『新訂増補国史大系』二六)、吉川弘文館、一九六五年
黒川真頼著・前田泰次校訂『増訂工芸志料』(『東洋文庫』二五四)、平凡社、一九七四年
黒田譲(天外)編刊「西村總左衛門氏」『名家歴訪録』上、一八九九年
神戸デーリーニュース社『第五回内国勧業博覧会受賞名鑑』一九〇三年

小林綾造編『錦綾帖　第一号錦之部』丸善商社書店・博聞社、一八八九年
実用社編刊『第五回内国勧業博覧会紀念　染織鑑』（再版）一九〇五年
換書堂主人『花洛羽津根』（新撰京都叢書刊行会編『新撰京都叢書』二）、臨川書店、一九八六年
白名民憲編『友染斎図録』芸艸堂、一九二六年
水雲堂刊『京羽二重』（増補京都叢書刊行会編刊『増補京都叢書』六）、一九三四年
人事興信所編『人事興信録』第一三版上下、人事興信所、一九四一年
高橋新六『京染の実際』農工社・桝新商店、一九一六年
高橋新六『増補京染の秘訣』復刻版、民芸織物図鑑刊行会はくおう社、一九七三年（初版は洛東書院、一九三四年）
立川美彦編『訓読雍州府志』臨川書店、一九九七年
東京国立文化財研究所美術部編『日本美術年鑑』昭和三五年版、東京国立文化財研究所、一九六一年
東京国立文化財研究所美術部編『明治期万国博覧会美術品出品目録』中央公論美術出版、一九九七年
西陣織物同業組合編『西陣織物振興策ニ就テ』西陣織物同業組合、一九三〇年
日本経済研究会編『七・七禁止令の解説』伊藤書店、一九四〇年
農商務省編『興業意見』巻一二・一六（大蔵省編『明治前期財政経済史料集成』一八—二〇、一九）、明治文献資料刊行会、一九六四年
原田伴彦・立川洋校注『西陣天狗筆記』（『日本都市生活史料集成』一）、学習研究社、一九七七年
本庄栄治郎編『西陣史料』経済史研究会、発売清文堂出版、一九七二年
松江重頼著・新村出校閲・竹内若校訂『毛吹草』（『岩波文庫』）、岩波書店、一九四三年

松村博司・山中裕校注『栄花物語』上下（『日本古典文学大系』七五・七六）、岩波書店、一九九三年
内国勧業博覧会事務局編刊『明治十年内国勧業博覧会賞牌褒状授与人名録』一八七九年
第二回内国勧業博覧会事務局編刊『第二回内国勧業博覧会褒賞授与人名表』上、一八八一年
第三回内国勧業博覧会事務局編刊『第三回内国勧業博覧会事務報告』一八九一年
第三回内国勧業博覧会事務局編刊『明治廿三年第三回内国勧業博覧会審査報告』第三部、一八九一年
第四回内国勧業博覧会事務局編刊『第四回内国勧業博覧会授賞人名録』一八九五年
明治文献資料刊行会編刊『明治前期産業発達史資料―勧業博覧会資料―』九二・一一四、一九七四年
村上文芽『友千鳥』友禅史会事務所、一九二一年
矢野太郎編『浮世の有様』（『国史叢書』四・五）、国史研究会、一九一七年（のち『日本庶民生活史料集成』一一、三一書房、一九七〇年）
山辺知行・上野佐江子解説・解題『小袖模様雛形本集成』一～四、学習研究社、一九七四年

単行本

明石厚明編『日本機械捺染史』日本捺染史刊行会、一九四三年
明石染人『日本染織史』思文閣出版、一九七七年
足利健亮編『京都歴史アトラス』中央公論社、一九九四年
板倉寿郎ほか監修『原色染織大辞典』淡交社、一九七七年
遠藤元男『織物の日本史』（『ＮＨＫブックス』）、日本放送出版協会、一九七一年
刑部芳則『京都に残った公家たち―華族の近代―』（『歴史文化ライブラリー』三八五）、吉川弘文館、二〇一四

年
刑部芳則『洋装の日本史』(『集英社インターナショナル新書』一一二)、集英社、二〇二二年
加藤幹雄『ロックフェラー家と日本―日米交流をつむいだ人々―』岩波書店、二〇一五年
北野裕子『生き続ける三〇〇年の織りモノづくり―京都府北部・丹後ちりめん業の歩みから―』新評論、二〇一三年
北野裕子『忘れられた祭り　京都染織祭―恐慌・戦争・復興を駆ける―』思文閣出版、二〇二一年
木村雨山『人間国宝　木村雨山』フジアート出版、一九七七年
日下部高明『京都、リヨン、そして足利―近代織物業と近藤徳太郎―』随想舎、二〇〇一年
工学会編『明治工業史』建築篇、工学会明治工業史発行所、一九二七年(復刻版は原書房、一九九四年)
小林丈広『明治維新と京都―公家社会の解体―』臨川書店、一九九八年
今和次郎『今和次郎集』第一巻・考現学、ドメス出版、一九七一年
今和次郎『今和次郎集』第八巻・服装研究、ドメス出版、一九七二年
佐々木信三郎『西陣史』復刻版、思文閣出版、一九八〇年(初版は芸艸堂、一九三二年)
科野孝蔵『オランダ東インド会社の歴史』同文舘出版、一九八八年
繊維辞典刊行会編『繊維辞典』商工会館出版部、一九五一年
高梨光司編『稲畑勝太郎君伝』稲畑勝太郎翁喜寿記念伝記編纂会、一九三八年
武部敏夫『和宮』(『人物叢書』)、吉川弘文館、一九八七年
伊達弥助・周斎伊達弥助翁贈位報告祭発起人編『伊達周斎翁伝』周斎伊達弥助翁贈位報告祭発起人、一九二四年
田中多喜雄編『伊達周斎翁伝』伊達静、一九七五年

田中竹次郎『後進之亀鑑―京都店員奨励会授賞者列伝―』京都時報社、一九〇三年
塚本　学『徳川綱吉』(『人物叢書』)、吉川弘文館、一九九八年
角山幸洋『改訂増補版　日本染織発達史』田畑書店、一九六八年
特許庁意匠課編『意匠制度一二〇年の歩み』特許庁、二〇〇九年
長岡新吉『明治恐慌史序説』東京大学出版会、一九七一年
長崎　巖『きものと裂のことば案内』小学館、二〇〇五年
中島卯三郎編著『皇城』雄山閣、一九五九年
並木誠士・青木美保子編『京都　近代美術工芸のネットワーク』思文閣出版、二〇一七年
並木誠士・上田文・青木美保子著・京都工芸繊維大学美術工芸資料館監修『近代図案帖―寺田哲朗コレクションに見る、機械捺染の世界―』青幻舎、二〇二〇年
野中和夫『皇居明治宮殿の室内装飾』同成社、二〇一九年
橋本五雄『恩輝軒主人小伝』復刻版、川島甚兵衛、一九一三年（初版は川島織物、一九六四年）
平井瑗吉『京都金融小史』平井瑗吉、一九三八年
藤田貞一郎『近代日本同業組合史論』清文堂出版、一九九五年
本庄栄治郎『西陣研究』増補改訂版、改造社、一九三〇年（初版は京都法学会、一九一四年）
前澤輝政『近藤徳太郎―織物教育の先覚者―』中央公論事業出版、二〇〇五年
前田達三編著『西陣織物館記』西陣織物館、一九六〇年
三井文庫編『史料が語る　三井のあゆみ―越後屋から三井財閥―』吉川弘文館、二〇一五年
村上文芽『近代友禅史』友禅協会、一九二七年

山本花魂『染織祭グラフ』山本印刷工場　一九三一年
吉原康和『歴史を拓いた明治のドレス』株式会社G.B.、二〇二二年
渡部徹編『京都地方労働運動史』京都地方労働運動史編纂会、一九五九年

論文

明石染人・岡田三郎助「加賀友禅」岡田三郎助監修『時代裂』第一輯・解説、座右宝刊行会、一九三二年
赤羽　光「『第五回内国勧業博覧会紀念染織鑑』と第五回内国博審査に関する一論考」『共立女子短期大学生活科学科紀要』五六、二〇一三年
秋元せき「西陣の近代化と帝室技芸員伊達弥助」『京都市歴史資料館紀要』一七、二〇〇〇年
岡　達也「丸紅商店染織美術研究会に関する研究―近代図案教育に関する追跡調査Ⅰ―」『デザイン理論』七三、二〇一九年
加藤健太「三菱商事と寿製作所―戦間期の繊維機械取引―」一～二、『高崎経済大学論集』五四―三～四、二〇一二年
神谷栄子「明治の型友禅―千総の見本裂調査を主として―」『MUSEUM』六九、東京国立博物館、一九五六年
亀井大樹「日本の工業化初期における繊維企業の統合政策―京都綿子ル社を事例に―」『社会科学』四九―二、二〇一九年
亀井大樹「京都の経済危機と機械捺染業の勃興」『彦根論叢』四二三、二〇二〇年
河上繁樹「京都きもの玉手箱　第二回　武家奥方のモード革命」『NHK　知るを楽しむ―歴史に好奇心―』二

〇〇七年二・三月号、日本放送出版協会
河原田康史「宮崎友禅斎と友禅染―友禅斎の墓石について―」『京都産業大学日本文化研究所紀要』二〇、二〇一五年
北野裕子「京都・染織祭の創設と展開―昭和恐慌・大衆消費社会・産業観光振興の交点―」京都大学人文科学研究所『人文学報』一一三、二〇一九年
北野裕子「近代京都染織業と近江商人系商店―拡大の実態と染呉服の大衆化―」高木博志編『近代京都と文化―「伝統」の再構築―』思文閣出版、二〇二三年
小岩信竹「書評　藤田貞一郎著『近代日本同業組合史論』」『土地制度史学』一五八、一九九八年
小谷浩之「京都のモノ作り技術の系譜―「平安の都」から商工業都市「京都」へ―」「戦時経済統制下における「室町と西陣」」井口富夫編『都市のにぎわいと生活の安全―京都市とその周辺地域を対象とした事例研究―』日本評論社、二〇〇九年
後藤みち子「衣料生産とジェンダー―中世後期公家の場合―」黒田弘子・長野ひろ子編『エスニシティ・ジェンダーからみる日本の歴史』吉川弘文館、二〇〇二年
佐藤全敏「国風文化の構造」吉村武彦・吉川真司・川尻秋生編『国風文化―貴族社会のなかの「唐」と「和」―』(『シリーズ古代史をひらく』)、岩波書店、二〇二一年
杉森哲也「西陣の社会構造―西陣機業と下職―」『近世京都の都市と社会』東京大学出版会、二〇〇八年
玉蟲敏子「三越における光琳戦略の意味―美術史の文脈から―」国立歴史民俗博物館・岩淵令治編『「江戸」の発見と商品化―大正期における三越の流行創出と消費文化―』岩田書院、二〇一四年
長岡新吉「日露戦後の恐慌と「不況の慢性化」の意義」一、『経済学研究』一八―四、北海道大学経済学研究院、

一九六九年
長崎　巌「初期「友禅染」に関する一考察」『東京国立博物館紀要』二四、一九八九年
長崎　巌「江戸時代における呉服注文の具体的プロセスに関する研究」『共立女子大学家政学部紀要』六三、二〇一七年
濱崎　實「絹糸紡績業の歴史的展開過程―創業期から戦前期まで―」『農林業問題研究』二五―二、一九八九年
浜野　潔「西陣の経済危機と人口―花車町―」『近世京都の歴史人口学的研究―都市町人の社会構造を読む―』慶應義塾大学出版会、二〇〇七年
貫　秀高「広瀬治助と堀川新三郎」その1～その2、『京染と精練染色』二九―二～三、一九七八～七九年
杉居宏枝「昭憲皇太后の最初の国産洋装大礼服―オットマール・フォン・モールを中心に―」『日本研究』六八、国際日本文化研究センター、二〇二四年
丸山伸彦「近代の造形としての小袖屏風」国立歴史民俗博物館編刊『野村コレクション　小袖屏風』（『国立歴史民俗博物館資料図録』二）、二〇〇二年
右田裕規「大正・昭和初期の祝祭記念商品の都市購買者像」『史学雑誌』一一二六―九、二〇一七年（のち『近現代の皇室観と消費社会』所収、吉川弘文館、二〇二〇年）
本康宏史「「加賀百万石」の記憶と京都文化」―近代金沢における都市イメージの形成―」高木博志編『近代京都と文化―「伝統」の再構築―』思文閣出版、二〇二三年
山内雄気「大衆商品「模様銘仙」の登場」『同志社商学』六九―六、二〇一八年
山口和雄「「明治七年　府県物産表」の分析」『経済学研究』一、北海道大学大学院経済学研究院、一九五一年（のち『明治前期経済の分析』所収、東京大学出版会、一九五六年所収）

横山信徳「廣瀬治助翁と寫染」宮崎友禅翁顕彰会編刊『宮崎友禅斎と近世の模様染』一九五三年（執筆者は明石染人の序の記載による）
玲瓏館主人「小林綾造寸描」『上方』一〇二、一九三九年

自治体史、社史、業界史、学校史、京都府・市・商工会議所資料

伊勢崎織物協同組合編『伊勢崎織物史』伊勢崎銘仙会館、一九六六年
伊勢崎織物同業組合編刊『伊勢崎織物同業組合史』一九三一年
小倉一夫編集事務所編『錬技抄—川島織物一四五年史—』川島織物　一九八九年
川島織物編刊『川島織物三十五年史』、一九七三年
加悦町史編纂委員会編『加悦町史概要版—古墳公園とちりめん街道—』加悦町、二〇〇四年
加悦町史編纂委員会編『加悦町史』資料編・二、与謝野町、二〇〇八年
株式会社阪急百貨店社史編集委員会編『株式会社阪急百貨店二五年史』阪急百貨店、一九七六年
京都織物株式会社編『京都織物株式会社五十年史』復刻版、ゆまに書房、一九九九年（初版は京都織物、一九三七年）
京都織物株式会社編『京都織物株式会社全史』京都織物株式会社全史刊行会、一九六九年
京都近代染織技術発達史編纂委員会編『京都近代染織技術発達史』京都市染織試験場、一九九〇年
京都工芸繊維大学開学一〇〇周年・大学創立五〇周年事業マスタープラン委員会記念誌刊行専門部会編『京都工芸繊維大学百年史』京都工芸繊維大学百周年事業委員会、二〇〇一年
京都市編『京都の歴史』三〜五・七〜九、学芸書林、一九六八〜一九七六年

京都市会編刊『京都市会会議録』昭和五年上、一九三〇年
京都市市政史編さん委員会編『京都市政史』一、京都市、二〇〇九年
京都市総務部総務課編『京都市政史』上、京都市役所、一九四一年
京都市役所編刊『大典記念京都博覧会報告』一九一六年
京都商工会議所編『京都染織物見本市案内』京都染織物見本市協会、一九二六年（第一回）
京都商工会議所編刊『京友禅に関する調査』一九四〇年
京都商工会議所百年史編纂委員会編『京都経済の百年』京都商工会議所、一九八五年
京都新聞社史編さん小委員会編『京都新聞百年史』京都新聞社、一九七九年
京都府議会事務局編『京都府議会歴代議員録』京都府議会、一九六一年
京都府立総合資料館編『京都府百年の資料』二・商工編、京都府、一九七二年
社史編纂プロジェクトチーム編『川島織物創業一四五年から一六三年（会社合併）までの歴史―新しい伝統の創
造を目指して―』川島織物セルコン、二〇〇七年
髙島屋本店編刊『髙島屋百年史』一九四一年
髙島屋１５０年史編纂委員会編『髙島屋１５０年史』髙島屋、一九八二年
丹後織物工業組合編刊『組合史―丹後織物工業組合六十年史―』一九八一年
津田駒工業株式会社編刊『生いたちと先駆者たち』、一九六九年
平安神宮百年史編纂委員会編『平安神宮百年史』本文編、平安神宮、一九九七年
松野文造編『明治以降京都貿易史―京都貿易協会創立四十五年を記念して―』京都貿易協会、一九六三年
丸紅社史編纂室編『丸紅前史』丸紅、一九七七年

宮津市史編さん委員会編『宮津市史』通史編・下巻、宮津市、二〇〇四年

洛陽工高百年史編集委員会編『洛陽工高百年史』京都市立洛陽工業高等学校創立百周年記念事業協賛会、一九八六年

展示図録

岡達也・加茂瑞穂編『近代京都と染織図案』三・図案家の登場、京都工芸繊維大学美術工芸資料館、二〇一九年

霞会館資料展示委員会編『霞会館創立百五十周年記念昭憲皇太后百十年祭　明治天皇と華族会館―受け継がれし明治のドレス―』霞会館、二〇二四年

京都工芸繊維大学美術工芸資料館編刊『学理と応用―京都高等工芸学校初一〇年の軌跡―』二〇二二年

「京都の近代化遺産」発信プロジェクト実行委員会編『美術の教育／教育の美術』京都工芸繊維大学美術工芸資料館、二〇二一年

京都服飾文化研究財団編『モードのジャポニスム―キモノから生まれたゆとりの美―』京都服飾文化研究財団、一九九四年

京都文化博物館学芸課編『千總コレクション　京の優雅―小袖と屏風―』京都文化博物館・毎日新聞社、二〇〇五年

千總編『千總四六〇年の歴史―京都老舗の文化史―』京都文化博物館、二〇一五年

並木誠士ほか『丸紅ギャラリー開館記念展Ⅳ　染織図案とあかね會―その思いを今につむぐ―』丸紅、二〇二三年

西陣の日事業協議会ジャガード渡来百年記念碑建立特別委員会編刊『ジャカード渡来百年記念誌―記念碑建立に

よせて―』、一九七二年
むろまち染織絵巻開催委員会染織展部会編『京都の近代染織』京都織物卸商業組合むろまち染織絵巻開催委員会、一九九四年

WEBサイト

紀の国の先人たち（和歌山県ふるさとアーカイブ）　https://wave.pref.wakayama.lg.jp/bunka-archive/senjin/
京都市歴史資料館情報提供システム「フィールド・ミュージアム京都」内「秦氏」「西陣織」「友禅染」「伊達弥助（四世・五世）」）　https://www2.city.kyoto.lg.jp/somu/rekishi/fm/fmindex.html
一般財団法人京染会ホームページ　https://www.kyozomekai.or.jp/about/
国立公文書館デジタルアーカイブ　https://www.digital.archives.go.jp
国立公文書館特別展『公文書にみる発明のチカラ―明治期の産業技術と発明家たち―』二〇一〇年、インターネット展示　https://www.archives.go.jp/exhibition/digital/hatsumei/index.html
一二代西村總左衛門の略年譜（一般社団法人千總文化研究所）https://icac.or.jp/public/culture/sozaemon_12/
平安人物志短冊帖（国際日本文化研究センター）　https://www.nichibun.ac.jp/ja/db/category/heian_tanzaku/
三井の歴史（三井文庫史料館）　https://www.mitsuipr.com/history/

著者紹介

一九五八年、大阪府に生まれる
一九八一年、大阪教育大学教育学部卒業
二〇〇九年、奈良女子大学大学院人間文化研究科比較文化学専攻博士後期課程修了、博士（文学）
現在、龍谷大学・大阪樟蔭女子大学・京都女子大学非常勤講師

〔主要著書・論文〕
『生き続ける300年の織りモノづくり』（新評論、二〇一三年）
『忘れられた祭り　京都染織祭』（公益社団法人京都染織文化協会、二〇二一年）
「京都・染織祭の創設と展開」（京都大学人文科学研究所『人文学報』第一一三号、二〇一九年）
「近代京都染織業と近江商人系商店」（高木博志編『近代京都と文化　「伝統」の再構築』思文閣出版、二〇二三年）

歴史文化ライブラリー
615

〈染織の都〉京都の挑戦
革新と伝統

二〇二五年（令和七）二月一日　第一刷発行

著　者　北野裕子（きたのゆうこ）
発行者　吉川道郎
発行所　株式会社 吉川弘文館
東京都文京区本郷七丁目二番八号
郵便番号一一三―〇〇三三
電話〇三―三八一三―九一五一〈代表〉
振替口座〇〇一〇〇―五―二四四
https://www.yoshikawa-k.co.jp/
印刷＝株式会社 平文社
製本＝ナショナル製本協同組合
装幀＝清水良洋・宮崎萌美

ISBN978-4-642-30615-7

歴史文化ライブラリー

1996. 10

刊行のことば

現今の日本および国際社会は、さまざまな面で大変動の時代を迎えておりますが、近づきつつある二十一世紀は人類史の到達点として、物質的な繁栄のみならず文化や自然・社会環境を謳歌できる平和な社会でなければなりません。しかしながら高度成長・技術革新にともなう急激な変貌は「自己本位な刹那主義」の風潮を生みだし、先人が築いてきた歴史や文化に学ぶ余裕もなく、いまだ明るい人類の将来が展望できていないようにも見えます。このような状況を踏まえ、よりよい二十一世紀社会を築くために、人類誕生から現在に至る「人類の遺産・教訓」としてのあらゆる分野の歴史と文化を「歴史文化ライブラリー」として刊行することといたしました。

小社は、安政四年(一八五七)の創業以来、一貫して歴史学を中心とした専門出版社として書籍を刊行しつづけてまいりました。その経験を生かし、学問成果にもとづいた本叢書を刊行し社会的要請に応えて行きたいと考えております。

現代は、マスメディアが発達した高度情報化社会といわれますが、私どもはあくまでも活字を主体とした出版こそ、ものの本質を考える基礎と信じ、本叢書をとおして社会に訴えてまいりたいと思います。これから生まれでる一冊一冊が、それぞれの読者を知的冒険の旅へと誘い、希望に満ちた人類の未来を構築する糧となれば幸いです。

吉川弘文館

歴史文化ライブラリー

近・現代史

江戸無血開城 本当の功労者は誰か？——岩下哲典
五稜郭の戦い 蝦夷地の終焉——菊池勇夫
水戸学と明治維新——吉田俊純
大久保利通と明治維新——佐々木 克
刀の明治維新 「帯刀」は武士の特権か？——尾脇秀和
京都に残った公家たち 華族の近代——刑部芳則
〈染織の都〉京都の挑戦 革新と伝統——北野裕子
文明開化 失われた風俗——百瀬 響
大久保利通と東アジア 国家構想と外交戦略——勝田政治
名言・失言の近現代史 上 一八六八—一九四五——村瀬信一
皇居の近現代史 開かれた皇室像の誕生——河西秀哉
日本赤十字社と皇室 博愛か報国か——小菅信子
リーダーたちの日清戦争——佐々木雄一
陸軍参謀 川上操六 日清戦争の作戦指導者——大澤博明
軍港都市の一五〇年 横須賀・呉・佐世保・舞鶴——上杉和央
〈軍港都市〉横須賀 軍隊と共生する街——高村聰史
第一次世界大戦と日本参戦 揺らぐ日英同盟と日独の攻防——飯倉 章
日本酒の近現代史 酒造地の誕生——鈴木芳行
温泉旅行の近現代——高柳友彦

失業と救済の近代史——加瀬和俊
難民たちの日中戦争 戦火に奪われた日常——芳井研一
昭和天皇とスポーツ 〈玉体〉の近代史——坂上康博
昭和陸軍と政治 「統帥権」というジレンマ——高杉洋平
松岡洋右と日米開戦 大衆政治家の功と罪——服部 聡
唱歌「蛍の光」と帝国日本——大日方純夫
着物になった〈戦争〉 時代が求めた戦争柄——乾 淑子
稲の大東亜共栄圏 帝国日本の〈緑の革命〉——藤原辰史
地図から消えた島々 幻の日本領と南洋探検家たち——長谷川亮一
軍用機の誕生 日本軍の航空戦略と技術開発——水沢 光
国産航空機の歴史 零戦・隼からYS－一一まで——笠井雅直
首都防空網と〈空都〉多摩——鈴木芳行
帝都防衛 戦争・災害・テロ——土田宏成
帝国日本の技術者たち——沢井 実
強制された健康 日本ファシズム下の生命と身体——藤野 豊
「自由の国」の報道統制 大戦下の日系ジャーナリズム——水野剛也
学徒出陣 戦争と青春——蜷川壽惠
検証 学徒出陣——西山 伸
特攻隊の〈故郷〉 霞ヶ浦・筑波山・北浦・鹿島灘——伊藤純郎
陸軍中野学校と沖縄戦 知られざる少年兵「護郷隊」——川満 彰

歴史文化ライブラリー

沖縄戦の子どもたち――川満　彰
沖縄からの本土爆撃 米軍出撃基地の誕生――林　博史
米軍基地の歴史 世界ネットワークの形成と展開――林　博史
沖縄米軍基地全史――野添文彬
世界史のなかの沖縄返還――成田千尋
考証　東京裁判 戦争と戦後を読み解く――宇田川幸大
ふたつの憲法と日本人 戦前・戦後の憲法観――川口暁弘
名言・失言の近現代史　下 一九四六―――村瀬信一
戦後文学のみた〈高度成長〉――伊藤正直
首都改造 東京の再開発と都市政治――源川真希
鯨を生きる 鯨人の個人史・鯨食の同時代史――赤嶺　淳

文化史・誌

山寺立石寺 霊場の歴史と信仰――山口博之
神になった武士 平将門から西郷隆盛まで――高野信治
跋扈する怨霊 祟りと鎮魂の日本史――山田雄司
将門伝説の歴史――樋口州男
殺生と往生のあいだ 中世仏教と民衆生活――苅米一志
浦島太郎の日本史――三舟隆之
おみくじの歴史 神仏のお告げはなぜ詩歌なのか――平野多恵
〈ものまね〉の歴史 仏教・笑い・芸能――石井公成
スポーツの日本史 遊戯・芸能・武術――谷釜尋徳
戒名のはなし――藤井正雄
墓と葬送のゆくえ――森　謙二
運　慶 その人と芸術――副島弘道
ほとけを造った人びと 止利仏師から運慶・快慶まで――根立研介
祇園祭 祝祭の京都――川嶋將生
洛中洛外図屏風 つくられた〈京都〉を読み解く――小島道裕
化粧の日本史 美意識の移りかわり――山村博美
日本ファッションの一五〇年 明治から現代まで――平芳裕子
乱舞の中世 白拍子・乱拍子・猿楽――沖本幸子
神社の本殿 建築にみる神の空間――三浦正幸
古建築を復元する 過去と現在の架け橋――海野　聡
生きつづける民家 保存と再生の建築史――中村琢巳
大工道具の文明史 日本・中国・ヨーロッパの建築技術――渡邉　晶
苗字と名前の歴史――坂田　聡
日本人の姓・苗字・名前 人名に刻まれた歴史――大藤　修
アイヌ語地名の歴史――児島恭子
日本料理の歴史――熊倉功夫
日本の味　醤油の歴史――林　玲子・天野雅敏 編
中世の喫茶文化 儀礼の茶から「茶の湯」へ――橋本素子

歴史文化ライブラリー

香道の文化史——本間洋子
話し言葉の日本史——野村剛史
ガラスの来た道 古代ユーラシアをつなぐ輝き——小寺智津子
鋳物と職人の文化史 小倉鋳物師と琉球の鐘——松井和幸・新郷英弘
たたら製鉄の歴史——角田徳幸
金属が語る日本史 銭貨・日本刀・鉄炮——齋藤 努
名物刀剣 武器・美・権威——酒井元樹
賃金の日本史 仕事と暮らしの一五〇〇年——高島正憲
書物と権力 中世文化の政治学——前田雅之
気候適応の日本史 人新世をのりこえる視点——中塚 武
災害復興の日本史——安田政彦

民俗学・人類学

古代ゲノムから見たサピエンス史——太田博樹
日本人の誕生 人類はるかなる旅——埴原和郎
倭人への道 人骨の謎を追って——中橋孝博
役行者と修験道の歴史——宮家 準
幽霊 近世都市が生み出した化物——髙岡弘幸
妖怪を名づける 鬼魅の名は——香川雅信
遠野物語と柳田國男 日本人のルーツをさぐる——新谷尚紀

世界史

ドナウの考古学 ネアンデルタール・ケルト・ローマ——小野 昭
神々と人間のエジプト神話 魔法・冒険・復讐の物語——大城道則
文房具の考古学 東アジアの文字文化史——山本孝文
中国古代の貨幣 お金をめぐる人びとと暮らし——柿沼陽平
中国の信仰世界と道教 神・仏・仙人——二階堂善弘
渤海国とは何か——古畑 徹
アジアのなかの琉球王国——高良倉吉
琉球国の滅亡とハワイ移民——鳥越皓之
イングランド王国前史 アングロサクソン七王国物語——桜井俊彰
ヒトラーのニュルンベルク 第三帝国の光と闇——芝 健介
帝国主義とパンデミック 医療と経済の東南アジア史——千葉芳広
人権の思想史——浜林正夫

考古学

タネをまく縄文人 最新科学が覆す農耕の起源——小畑弘己
イヌと縄文人 狩猟の相棒、神へのイケニエ——小宮 孟
顔の考古学 異形の精神史——設楽博己
〈新〉弥生時代 五〇〇年早かった水田稲作——藤尾慎一郎
弥生人はどこから来たのか 最新科学が解明する先史日本——藤尾慎一郎
文明に抗した弥生の人びと——寺前直人

歴史文化ライブラリー

古代史

歴史文化ライブラリー

中世史

歴史文化ライブラリー

- 戦死者たちの源平合戦 生への執着、死者への祈り——田辺 旬
- 中世武士 畠山重忠 秩父平氏の嫡流——清水 亮
- 頼朝と街道 鎌倉政権の東国支配——木村茂光
- もう一つの平泉 奥州藤原氏第二の都市・比爪——羽柴直人
- 源頼家とその時代 二代目鎌倉殿と宿老たち——藤本頼人
- 六波羅探題 京を治めた北条一門——森 幸夫
- 大道 鎌倉時代の幹線道路——岡 陽一郎
- 仏都鎌倉の一五〇年——今井雅晴
- 鎌倉北条氏の興亡——奥富敬之
- 鎌倉幕府はなぜ滅びたのか——永井 晋
- 武田一族の中世——西川広平
- 相馬一族の中世——岡田清一
- 三浦一族の中世——高橋秀樹
- 伊達一族の中世 「独眼龍」以前——伊藤喜良
- 弓矢と刀剣 中世合戦の実像——近藤好和
- その後の東国武士団 源平合戦以後——関 幸彦
- 曽我物語の史実と虚構——坂井孝一
- 鎌倉浄土教の先駆者 法然——中井真孝
- 親 鸞——平松令三
- 親鸞と歎異抄——今井雅晴
- 畜生・餓鬼・地獄の中世仏教史 因果応報と悪道——生駒哲郎
- 神や仏に出会う時 中世びとの信仰と絆——大喜直彦
- 神仏と中世人 宗教をめぐるホンネとタテマエ——衣川 仁
- 神風の武士像 蒙古合戦の真実——関 幸彦
- 鎌倉幕府の滅亡——細川重男
- 足利尊氏と直義 京の夢、鎌倉の夢——峰岸純夫
- 高 師直 室町新秩序の創造者——亀田俊和
- 新田一族の中世 「武家の棟梁」への道——田中大喜
- 皇位継承の中世史 血統をめぐる政治と内乱——佐伯智広
- 地獄を二度も見た天皇 光厳院——飯倉晴武
- 南朝の真実 忠臣という幻想——亀田俊和
- 信濃国の南北朝内乱 悪党と八〇年のカオス——櫻井 彦
- 中世の巨大地震——矢田俊文
- 大飢饉、室町社会を襲う！——清水克行
- 中世の富と権力 寄進する人びと——湯浅治久
- 中世は核家族だったのか 民衆の暮らしと生き方——西谷正浩
- 中世武士の城——齋藤慎一
- 戦国の城の一生 つくる・壊す・蘇る——竹井英文
- 九州戦国城郭史 大名・国衆たちの築城記——岡寺 良
- 戦国期小田原城の正体 「難攻不落」と呼ばれる理由——佐々木健策

歴史文化ライブラリー

歴史文化ライブラリー